JN012224

教職・情報機器の操作

― ICT を活用した教材開発・授業設計 ―

高 橋　参 吉 編著

高 橋　朋 子
下 倉　雅 行
小 野　　 淳
田 中　規久雄
共著

コ ロ ナ 社

［執筆分担］（所属は2021年1月現在）

高 橋　参 吉：特定非営利活動法人学習開発研究所（全体）

高 橋　朋 子：近畿大学講師（2章，4章，5.1節，付録2）

下 倉　雅 行：帝塚山学院大学非常勤講師（1章，5.1節コラム，付録4）

小 野　　 淳：千里金蘭大学准教授（3章，5.2節，付録3）

田 中　規久雄：大阪大学准教授（1章演習，付録1）

は し が き

2000（平成 12）年度より，教育職員免許法施行規則が改正され，日本国憲法，体育，外国語コミュニケーションに並び，「情報機器の操作（2 単位）」が，すべての教科・科目の教員が修得していなければならない科目として規定され（第 66 条の 6），教育職員免許普通免許状取得の基礎資格となった（教育職員免許法第 5 条第 1 項，同別表 1 の 4）。

2007（平成 19）年 2 月，文部科学省は，「全ての教員の ICT 活用指導力の向上のために ── 教員の ICT 活用指導力の基準の普及・活用方策について ──」において，教員の ICT 活用指導力の基準（チェックリスト）を公表し，すべての教員に，ICT 活用の指導力が求められるようになった[1),†]。

2018 年（平成 30）6 月には，ICT 活用を取り巻く環境の変化および「主体的・対話的で深い学び（アクティブ・ラーニング）」の視点からの授業改善の推進を踏まえ，教員の ICT 活用指導力チェックリストは，五つから四つの大項目（A：教材研究・指導の準備・評価・校務などに ICT を活用する能力，B：授業に ICT を活用して指導する能力，C：児童生徒の ICT 活用を指導する能力，D：情報活用の基盤となる知識や態度について指導する能力）に整理された（付録 1）[2)]。

なお，教育の情報化の基盤整備[3)] の中で，教員の ICT 指導力の向上については，2010（平成 22）年に出された「教育の情報化に関する手引」，2019（令和元）年に改訂された手引きにもまとめられている[4)]。

また，2018（平成 30）年度に行われた教職課程の再課程認定申請において，「教育の方法及び技術」「各教科の指導法」の科目においては，「情報機器を活用して効果的に教材等を作成及び提示する」「情報機器及び教材の効果的な活用法を理解し，授業設計に活用する」の記述があり，この内容に対する審査もあった。2019（平成 31）年から開設されている教職課程においては，ICT による教材開発や授業への活用は，教員を志望するすべて学生に必須となっている。

これらの状況を踏まえ，2005（平成 17）年に出版した『教職基礎・情報機器の操作』（編著者：田中規久雄）は，2011 年，2016 年に『教職・情報機器の操作 ── 教師のための ICT リテラシー入門 ──』（代表著者：高橋参吉）として，内容の充実のため 2 度の改訂を行ってきた。今回は，授業改善への推進を踏まえて，サブタイトルを『ICT を活用した教材開発・授業設計』に変更し，ビデオ教材に関する章を全面的に改訂し，さらに，遠隔授業に関

† 肩付きの数字は巻末の引用・参考 URL の番号を示す。

する章を設けて，遠隔授業の実践例やテレビ会議システムの利用にも触れている。

本書は，旧版以来，学校現場でのICT活用や教職課程の教育に携わる専門家による執筆であり，読者が教職に就いた際に，教科等の教材開発や授業設計，校務処理に役立つ内容を取り上げている。したがって，教職を目指す学生ならびに教員研修などで現職教員のICT活用の指導力の向上や授業設計に役立つものと考えている。

なお，OSはMicrosoft Windows 10を利用して，Microsoft Office 2019（Word，Excel，PowerPoint），およびWindowsフォトを中心的なソフトウェアとして採用した。また，遠隔授業では，Googleが教育向けに開発したツール（Google Classroom），さらに，双方向の授業で使われるテレビ会議システム（Zoom，Google Meet，Microsoft Teams）について紹介している。

最後に，本書の編集にさまざまなご配慮をいただいたコロナ社には，執筆者一同心より感謝する。

2020年11月

編著者　高橋　参吉

[**本書の関連情報**]

本書の例題，参考URL，関連する資料などの情報を下記のWebサイトで紹介しています。

https://www.u-manabi.net/joho_kiki/

[**本書の記載に関する注意**]

1）本文中の画面写真は，PCごとの動作環境やソフトウェアのバージョン違いなどで，必ずしも同じ状態になるとは限りませんのでご注意ください。また，本書においては，キーボード上のキーを表示する際は□を用い，メニューなどの画面での選択場所を表示する際には［　］（クリッカブル）または「　」（表示のみ）を用いています。

2）肩付きの数字は，巻末の引用・参考URLの番号です。

3）本書に記載の情報，ソフトウェア，URLは，2020年11月現在のものです。

4）本書に記載の会社名，製品名は，一般に各社の商標（登録商標）です。本文中ではTM，Ⓡマークは省略しています。

目　　次

1. 校 務 文 書

2. 成 績 処 理

3. 授 業 教 材

4. ビデオ教材

5. 遠隔授業

付　　録

1. 校 務 文 書

本章では，校務として作成する文書や指導する題材を例として，ワープロ（Microsoft Word 2019）を用いた文書の編集や装飾，保存などの基本的な操作方法を学ぶ。ワードアートの使い方や図形編集の方法，全体の書式設定の方法も含まれている。

1.1 案内文を作ろう

1.1.1 保護者会の案内文の作成

【例題 1.1】 **図 1.1** に示すような「授業参観および保護者会のご案内」を作成せよ。

2020 年 4 月 20 日

保護者各位

浪速市立浪速小学校校長　上田　敦士
3 年学年主任　田中　一郎

授業参観および保護者会のご案内

陽春の候、ますます御健勝のこととお慶び申し上げます。平素は本校の教育活動にご理解、ご協力を賜り、厚く御礼申し上げます。

3 年生最初の授業参観および保護者会を下記の通り実施いたします。保護者会では、保護者の皆様と担任教諭との懇談を行います。保護者の皆様におかれましてはご多忙かと存じますが、ぜひご出席下さいますよう、お願いします。また、参加調査票のご提出を 4 月 28 日までにお願いします。

記

- 日　　時　　2020 年 5 月 12 日　午後 1:00～3:00
- 場　　所　　各教室
- 授業内容　　1 組：算数（担任：田中　一郎）
2 組：国語（担任：高橋　花子）
3 組：社会（担任：鈴木　太郎）
- 保護者会　　授業終了後(午後 2:00)より、各教室にて行います。
- 持 ち 物　　スリッパ、筆記用具

以上

《お願い》
・本校に駐車場がございませんので、お車でのご来校はお控えください。

--------8<--------切り取り線-------->8--------

参加調査票

2020 年 5 月 12 日授業参観および保護者会

（　　　）組　　児童氏名　（　　　　　　　　　）
　　　　　　　　保護者氏名（　　　　　　　　　）

授業参観：ご出席　ご欠席　　　保護者会：ご出席　ご欠席
どちらかに○をつけて 4 月 28 日までにご提出ください。

図 1.1　授業参観および保護者会のご案内

最初に，Wordの起動と終了について，簡単に説明する。Wordの起動はWindowsのバージョンにより異なるが，「Word」を選ぶことで起動できる。起動直後は文書のテンプレートを選ぶことができる。ここでは，標準的な文書テンプレートである［白紙の文書］をクリックすると，**図1.2**のような文書作成画面が表示される。

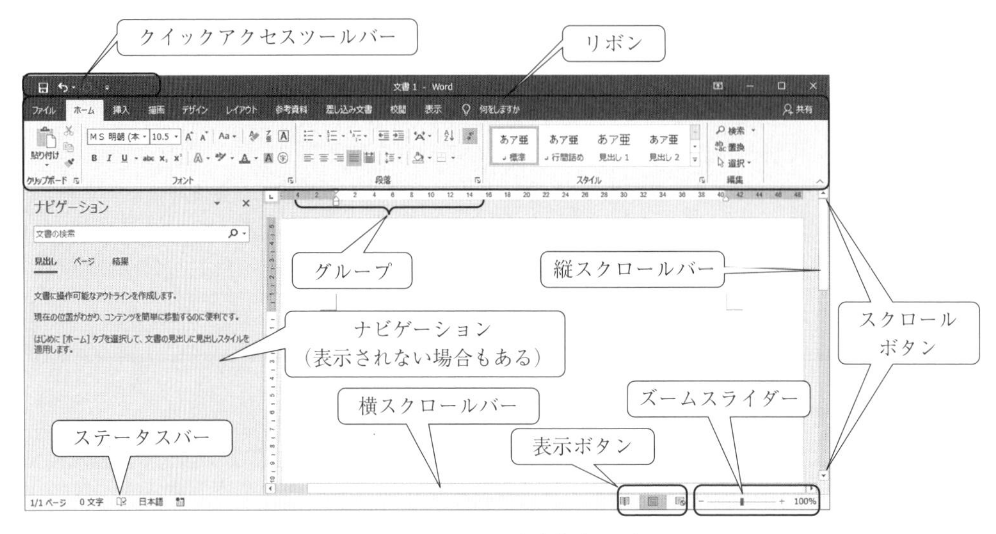

図1.2　Wordの文書作成画面

Office 2019では，画面上部にリボンと呼ばれる操作用インタフェースが表示される。Wordだけでなく，Excel，PowerPointでも同様にそれぞれのリボンが表示される。リボン左上の「クイックアクセスツールバー」には［上書き保存］，［元に戻す］†，［やり直し（繰り返し）］のボタンがある。リボンの各部名称は**図1.3**に示す。

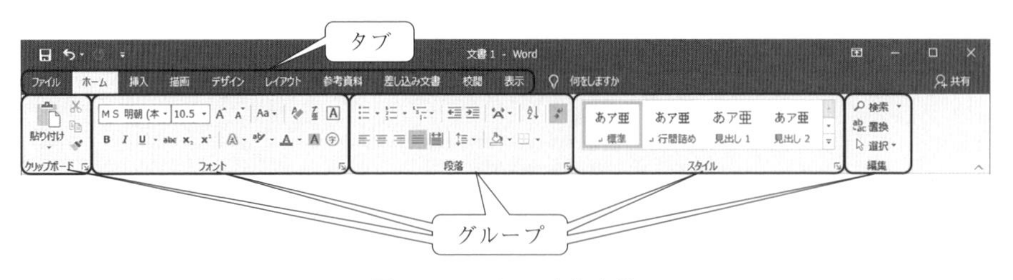

図1.3　リボンの各部名称

リボンにはさまざまなメニューが表示され，その内容を切り替えるために「タブ」がある。また，リボンの中は「グループ」に分かれており，例えば，編集のための機能や操作のための機能がグループごとにまとめられている。なお一部のグループでは，グループに属する設定項目をダイアログで表示するためのボタン（［ダイアログボックス起動ツール］ボタ

---

† Ctrlキー＋Zでも元に戻すことができる。

ン）◪が，グループ名が書かれている右端に用意されている。また，左上にある［ファイル］タブはほかのタブと異なり，クリックするとファイルの保存や印刷などのメニューおよびWord全般のオプション設定を呼び出すためのボタンが表示される。

図1.2の画面左側にあるナビゲーションには，章や節などが表示され，そこから直接その章や節にジャンプすることができる。また，検索機能を利用した場合には検索結果が表示される。Wordを終了する場合は，［ファイル］タブにある［閉じる］をクリックするか，図1.2のWord画面の右上にある☒をクリックする。

〈編集記号〉

なお，Wordを起動したあと，［ファイル］タブの［オプション］で，［表示］の「常に画面に表示する編集記号」にある「すべての編集記号を表示する（A）」にチェック（✔）を入れると，画面は少し見にくくはなるが，画面上に編集記号がすべて表示される。

Word 2019では，インストール直後は標準フォントが游明朝に設定されている。游明朝は見やすくするために行間が広くなっているため，本章ではMS明朝を標準フォントとして利用している。設定は，Wordを起動してすぐに，［ホーム］タブの［フォント］グループの［ダイアログボックス起動ツール］ボタンを押し，**図1.4**のように日本語用のフォントをMS明朝，英数字用のフォントをCenturyに変更して，［OK］ボタンをクリックする。

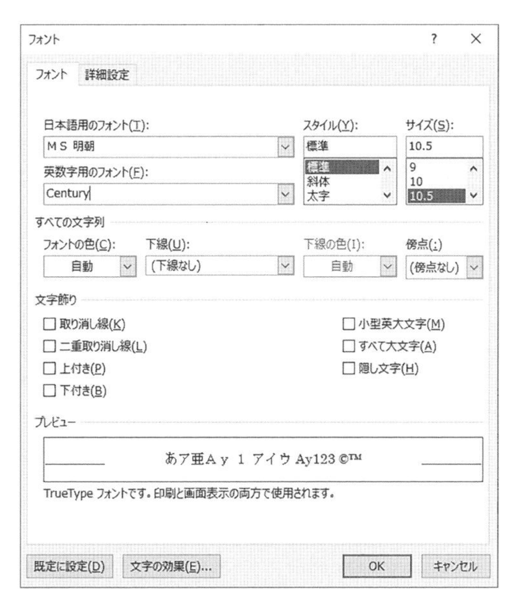

図1.4　標準フォントの設定

1.1.2　基本的な体裁の調整

Wordで文書を作成する場合，まず文字のみを入力してから装飾を施すとよい。

（1）　**図1.5**のように，前半部分の文字を入力する。挨拶文については，［あいさつ文の挿入］を利用する。

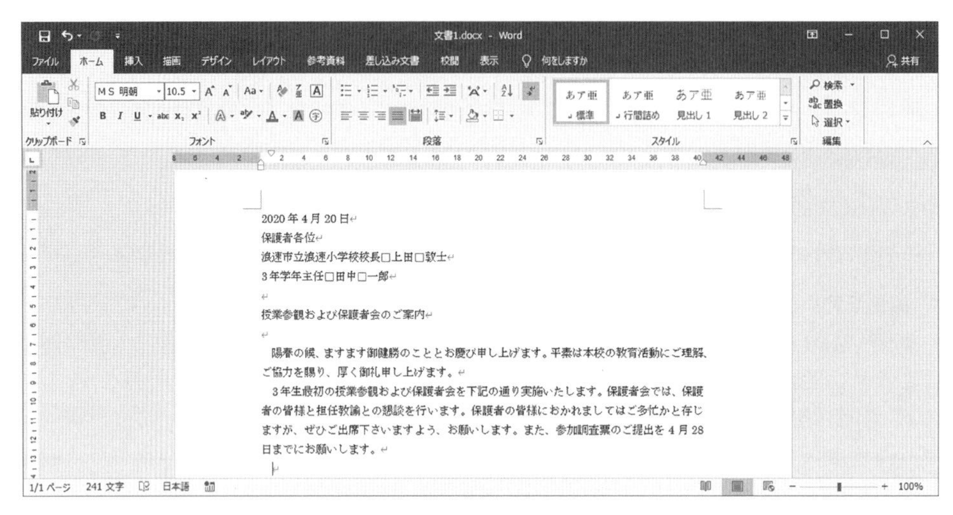

図1.5　前半部分の文字入力

（2）　［挿入］タブ（**図1.6**（a））の［テキスト］グループにある［あいさつ文］ボタンをクリックし，図（b）のように［あいさつ文の挿入］を選択すると，季節のあい

（a）［あいさつ文］ボタン

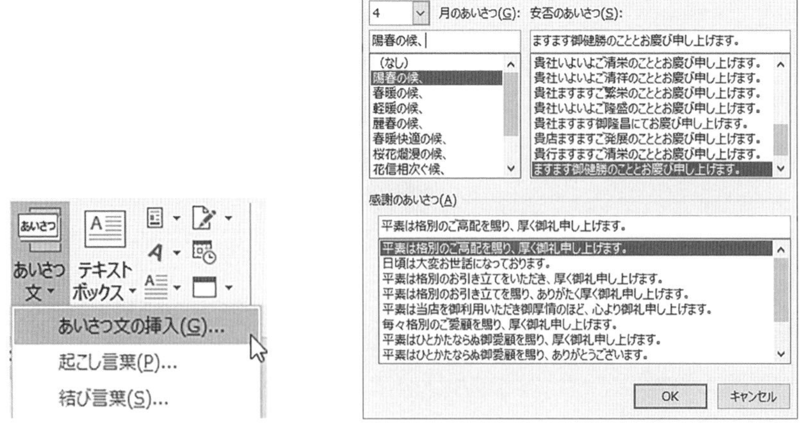

（b）［あいさつ文の挿入］ダイアログ　　（c）［あいさつ文］ダイアログ

図1.6　あいさつ文の挿入

さつなどテンプレートが表示（図（c））される。これを元にして，学校で利用する文章に修正するとよい。

（3） 変更したい箇所をマウスでドラッグし，選択してから，［ホーム］タブの［フォント］や［段落］グループの中にある項目で設定する。

〔1〕 文字の位置揃え

文字の位置揃えは段落単位で行う。そのため，位置揃えを行いたい段落にカーソルを移動させる。例えば，1行目の日付を右揃えにしたい場合には，つぎの操作を行う。

（1） 日付のある行にカーソルを移動させる。

（2） ［ホーム］タブの［段落］グループにある［右揃え］のボタン ≡（**図1.7**）をクリックする。

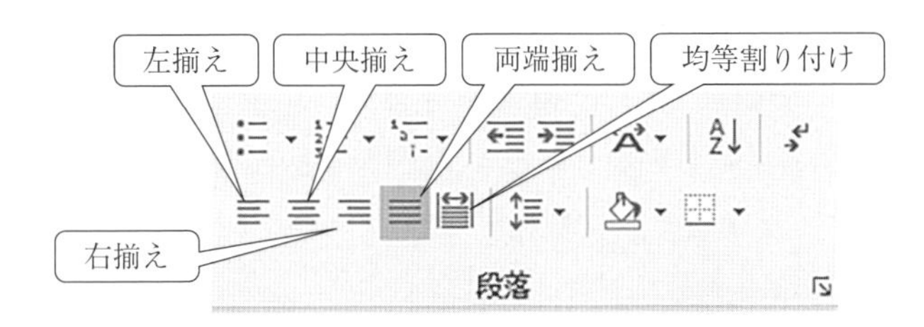

図1.7 文字の位置揃えの設定ボタン

また，文書の見出し「授業参観および保護者会のご案内」を中央揃えにしたい場合には，つぎの操作を行う。

（1） 「授業参観および保護者会のご案内」の行にカーソルを移動させる。

（2） ［ホーム］タブの［段落］グループにある［中央揃え］のボタン ≡（図1.7）をクリックする。

右揃え，中央揃え以外には，左揃えと両端揃えがある。左揃えは文字をすべて左に揃える。両端揃えは左揃えに近いが，自動的に空白を入れて両端にきれいに文字が揃うように調整する点が異なる。

〔2〕 フォントの変更

フォントとは文字書体のことであり，大きさや種類を変更することができる。例えば，「保護者各位」の文字の大きさと太さを変更する場合は，つぎのような操作をする。

（1） 「保護者各位」をマウスでドラッグして選択状態にする。

（2） ［ホーム］タブにある［フォント］グループ（**図1.8**（a））にある10.5となっている箇所（フォントサイズ）を12に変更する。

（3） **図1.9**にあるように太字（bold）を表す **B** をクリックし，太字に変更する。

以上の操作で，文字の大きさが12 pt（ポイント）の太字に変更される。

なお，同様に ***I*** をクリックすると斜体（italic）に，**U** をクリックすると下線（underline）

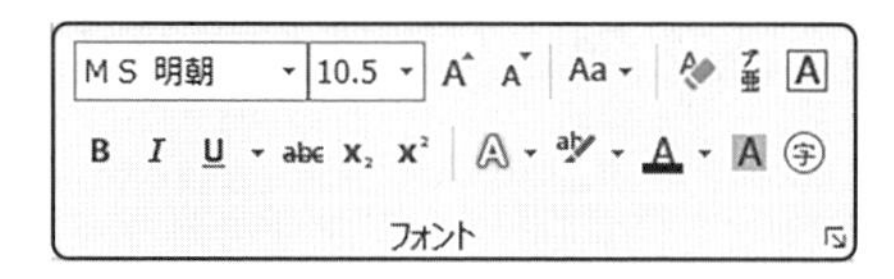

（a）［ホーム］タブの［フォント］グループ

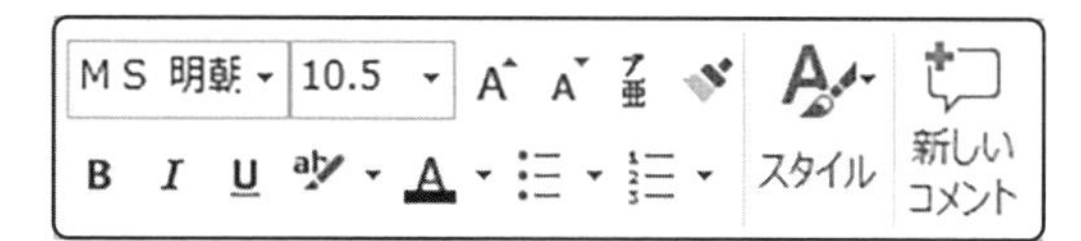

（b）ミニツールバー

図 1.8　フォントの変更

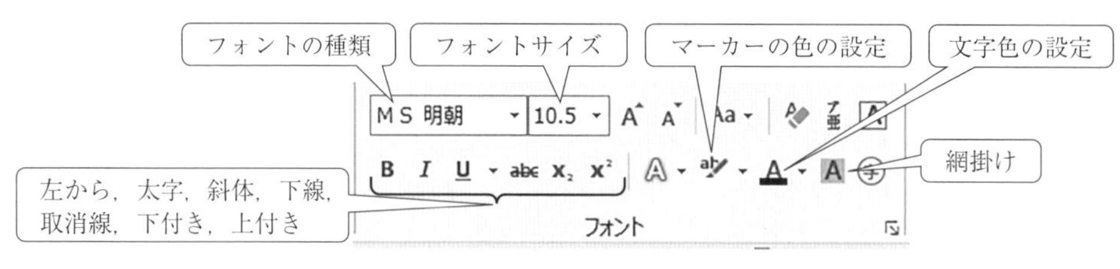

図 1.9　［フォント］グループの項目（一部）

付きに変更できる。文字を選択した直後に，図 1.8（b）のような「ミニツールバー」が表示され，同様に変更することができる。どちらかを利用し，「授業参観および保護者会のご案内」のフォントを MS ゴシックに，文字の大きさを 12 pt に変更する。

1.1.3　体裁調整の工夫

例題 1.1 の後半部分を**図 1.10** に示すように作成する。「記」という文字のみを入力した後［Enter］キーを押すと，自動的に「記」が中央揃えになり，さらに「以上」という文字が右揃えで自動的に入力される。

このような機能をオートコレクトの中で特にオートフォーマットという。もし，このオートコレクトやオートフォーマットが行った余計な修正を取り消したい場合は［元に戻す］ボタン ↶ をクリックすればよい。

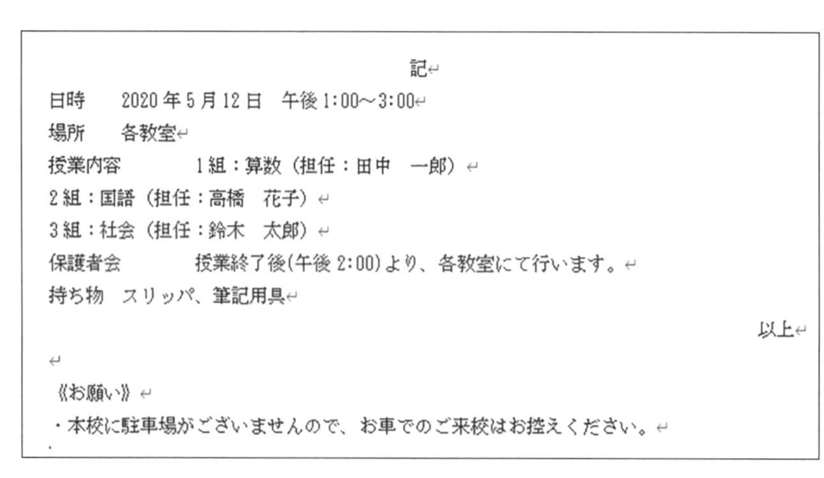

記

日時　　2020 年 5 月 12 日　午後 1:00～3:00

場所　　各教室

授業内容　　　1 組：算数（担任：田中　一郎）

2 組：国語（担任：高橋　花子）

3 組：社会（担任：鈴木　太郎）

保護者会　　　授業終了後(午後 2:00)より、各教室にて行います。

持ち物　スリッパ、筆記用具

以上

《お願い》

・本校に駐車場がございませんので、お車でのご来校はお控えください。

図 1.10　後半部分の入力例（体裁調整前）

つぎに，「記」と「以上」の間に箇条書きにする項目を入力する。ただし，「日時」と「2020年」の間の空白はスペースキーではなく[Tab]キーを利用している。

〔1〕 箇 条 書 き

箇条書きは前に同じ記号を付けて，項目を列挙するときに利用する。箇条書きは，つぎの手順で設定する。

（1） 箇条書きにしたい行（「日時」や「場所」の行）を選択する。このとき，複数行を選択することでまとめて箇条書きにすることもできる。

（2） ［ホーム］タブの［段落］グループにある［箇条書き］ボタン☰をクリックする。

箇条書きの記号を変更したい場合には，**図1.11**のように［箇条書き］ボタンの横にある▼ボタンを押すことで変更できる。1行設定すれば，改行するとつぎの行も同じ記号の箇条書きが継続される。箇条書きを解除したい場合は，[Enter]キーをもう一度押せばよい。

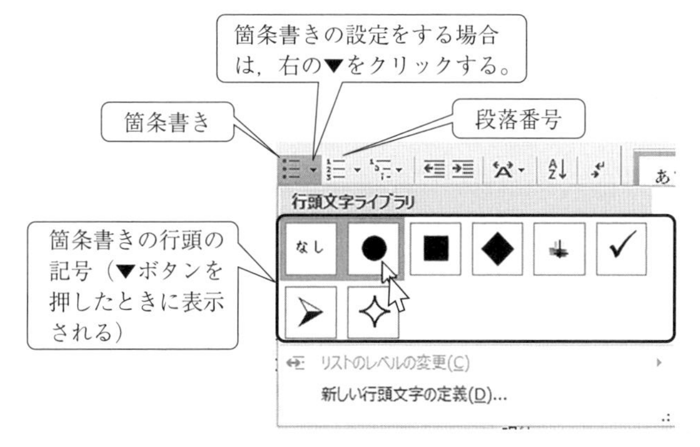

図1.11　箇条書きの設定

「授業内容」のように箇条書きの1項目が複数行になる場合には，[Shift]キーを押しながら[Enter]キーを押すことで1項目として扱われる。先に文字を入力している場合には，一度改行を削除し，文章をつなげてから，[Shift]キーを押しながら[Enter]キーを押せばよい。箇条書きの中で[Tab]キーを用いて位置を後ろにずらしたい場合には，行の先頭で[Ctrl]キーを押しながら[Tab]キーを押す。[Tab]キーのみを押すと箇条書きの項目全体がインデントされる。

〈キーボードショートカット〉

[Ctrl]キー＋A　すべての項目を選択する　　[Ctrl]キー＋C　選択した項目をコピーする
[Ctrl]キー＋X　選択した項目を切り取る　　[Ctrl]キー＋V　選択した項目を貼り付ける

〔2〕 均等割り付け

均等割り付けは，指定した文字数の幅に，指定した文字数以下の文字列の幅を合わせるように自動的に空白を調整するものである。均等割り付けは，つぎの操作で設定できる。

（1） 均等割り付けを設定したい文字（「日時」や「場所」など）をドラッグして選択する。

（2） ［ホーム］タブの［段落］グループにある［均等割り付け］ボタン をクリックする。

（3） **図 1.12** のダイアログが表示されるので，新しい文字列の幅を 4 字に変更する。

（4） ［OK］ボタンをクリックする。

もし均等割り付けを解除したい場合は，均等割り付けされている箇所を選択し，［均等割り付け］ボタンをクリックする。図 1.12 のダイアログが表示されるが，すでに設定されている場合は［解除］ボタンが有効になっているので［解除］ボタンをクリックする。

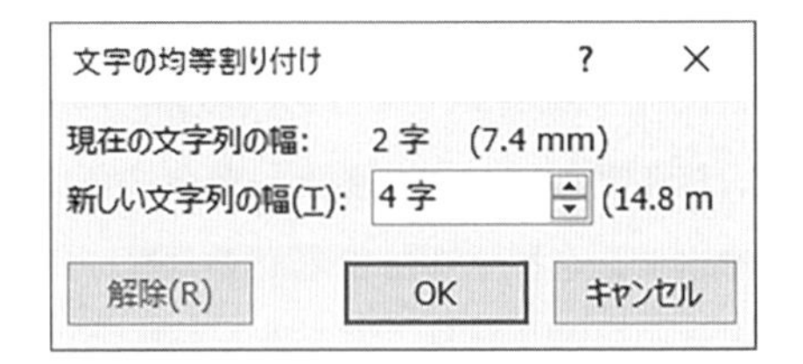

図 1.12 ［文字の均等割り付け］ダイアログ

〔3〕 網　掛　け

文字に網を掛けたように表示したい場合には，網掛けを利用する。設定は，つぎの操作でできる。

（1） 網掛けしたい文字（「日時」や「場所」など）をドラッグし選択する。

（2） ［ホーム］タブの［フォント］グループにある［網掛け］ボタン A をクリックする。

〔4〕 ル　ー　ラ　ー

箇条書きの部分を全体的に右にずらしたい場合にはルーラーを利用する。ルーラーは最初表示されていない。［表示］タブの［表示］グループの「ルーラー」の箇所に**図 1.13** のようにチェック（✓）を入れることで表示される（**図 1.14**）。

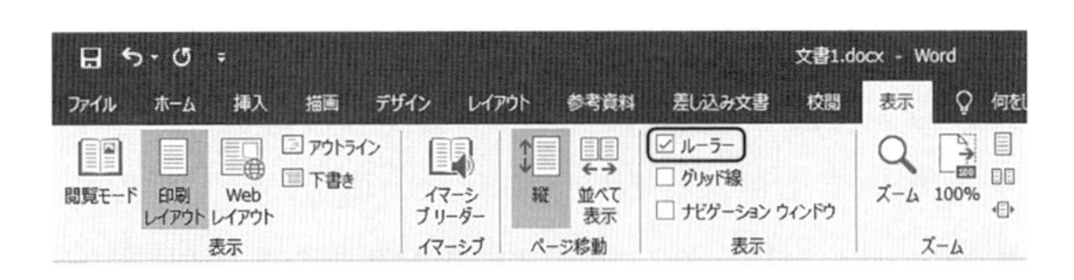

図 1.13 ルーラーの表示

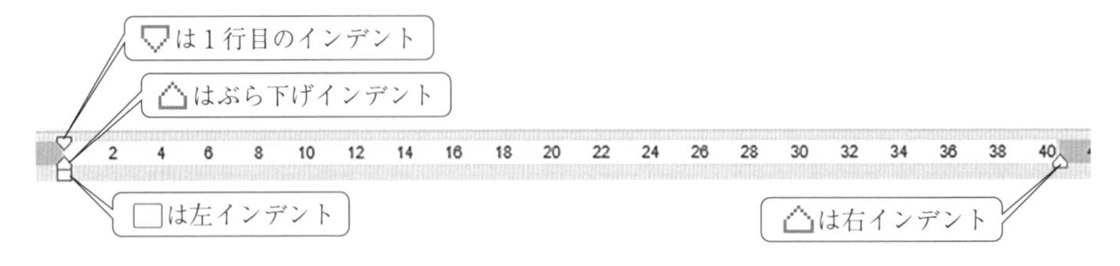

図 1.14 ルーラー

ルーラーは文字の位置だけでなく，インデント（左の開始位置，右の終了位置）を調整することができる。特に左側には3種類のインデント設定が用意されており，▽は1行目のインデント，△は2行目以降のインデント（ぶら下げインデント），□は▽と△を同時に動かして，左のインデントを設定できる。右側の△は右のインデント設定ができる。ある間隔でしか設定できないため，自由に設定したい場合はAltキーを押しながらマウスの左ボタンでドラッグすることで細かい設定ができる。

1.1.4　文字の編集機能

図1.15のように参加調査票の部分を作成する。同じものがいくつも出てくる場合にはコピーと貼り付けを利用するとよい。

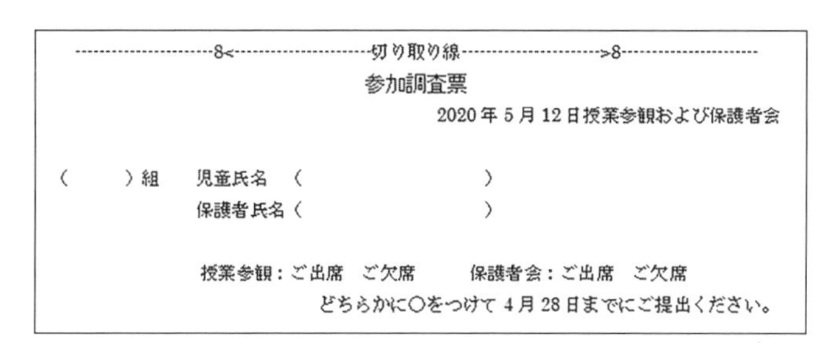
--------------------8<--------------------切り取り線-------------------->8--------------------
参加調査票
2020年5月12日授業参観および保護者会

（　　）組　児童氏名（　　　　　　　　）
保護者氏名（　　　　　　　　）

授業参観：ご出席　ご欠席　　保護者会：ご出席　ご欠席
どちらかに○をつけて4月28日までにご提出ください。

図1.15　参加調査票の入力例（体裁調整前）

切り取り線は半角のハイフンを並べることで作成できる。左右のバランスをとる場合には，「切り取り線」の文字の左側だけを先に作ってコピーし，右に貼り付ければよい。コピーをしたい場合は，コピーしたい文字を選択し，［ホーム］タブの［クリップボード］グループ（**図1.16**）にある［コピー］ボタンをクリックすることでコピーができる。選択した際にマウスの右クリックで［コピー］を選んでも同様である。

図1.16　［クリップボード］グループ

貼り付ける場合は，貼り付けたい箇所にカーソルを移動し，［貼り付け］ボタンをクリックすればよい。マウスの右クリックから［貼り付け］を選んでも同様である。［貼り付け］ボタンの下半分には［貼り付けのオプション］を表示させるボタン▼がある。

〈顔文字〉

例題の切り取り線にハサミのマークがあるが，これは8と<または，>を組み合わせて作った顔文字である。このように普通に入力できる文字を組み合わせて，なにかのマークを作ることや顔のようにすることを顔文字と呼んでいる。

1.1.5　ファイルの保存と読み込み

〔1〕　ファイルの保存

作成した文書を保存する場合の操作は，つぎのとおりである。

（1）　[ファイル] タブをクリックし，[名前を付けて保存] を選ぶ。

（2）　保存場所の選択画面が出るので，適したものがない場合は，[参照] をクリックする。

（3）　[名前を付けて保存] ダイアログが表示されるので，保存場所とファイル名を適切に設定して [保存] ボタンをクリックする。

初期設定では，保存する場所はPCの「ドキュメント」になっているほか，最初に保存する場合はファイル名として自動的に1行目の文字がそのまま表示される。このため，自分が保存したい場所を選択し，ファイル名を後々わかるように変更して保存する。

設定によっては，インターネット上にファイルを保存する「クラウドストレージ」である「Microsoft OneDrive」になっていることがある。クラウド上に保存する場合は，**図1.17**にあるOneDriveをクリックし，フォルダを指定すると保存できる。

図1.17　保存場所の例

なお，クラウドストレージはインターネットがつながっていればどこからでもアクセスできる，というメリットがある反面，個人情報に関するファイルを保存する際のセキュリティ面での不安，インターネットに接続できない環境ではファイルを取り出せない，という問題もある。自分のコンピュータに保存するか，クラウドストレージに保存するかは，使うファイルの性質を考えて利用する必要がある。

ファイル名には，/，：，?，*，"，\，<，>，| といった記号は使えない。また，ファイル名の長さは半角で260文字（全角130文字）と制限されているが，フォルダ名などもすべて含むため，簡潔な名前にするほうがよい。

なお，ファイル名は後々開く場合を考えて，自分で規則を決めておくことが望ましい。日付を前に入れると，ファイル名で並び直しをした場合に日付ごとに並ぶのでわかりやすくなる。また，行事名や文書のタイトルなどをファイル名の最初に付けることで行事ごとに並べ直しができるようになる。学校などで決められている場合はその規則に従うようにする。

作成途中に文書をこまめに保存するほうが望ましい。この場合は，「クイックアクセスツールバー」にある［上書き保存］ボタンをクリックするとよい。

〔2〕 ファイルの保存場所

ファイルを保存して持って運ぶ場合には，USBメモリがよく使われている。エクスプローラー上では，USBメモリはUSBドライブとして表示される。自分の保存する場所がどこなのかを前もって把握しておく必要がある。もし，場所がよくわからないときは，とりあえず，デスクトップに保存する。ただし，学校で利用する場合は，デスクトップ上のファイルは，シャットダウンすると消去される場合があるので，注意すること。

〔3〕 PDF形式での保存

インターネット上や他人にファイルを渡す場合，Word形式のままでは読めないこともあるので比較的扱いやすいPDF形式で保存して利用することがある。PDF形式で保存するためには，［ファイル］タブをクリックし，［エクスポート］の中にある［PDF/XPSドキュメントの作成］という項目をクリックする。さらに，［PDF/XPSの作成］というボタンをクリックすると，ダイアログが表示されるので，保存のときと同様に保存場所とファイル名を指定し，［発行］ボタンをクリックする。最適化は標準と最小サイズがあるが，作成したPDFファイルの利用に合わせて選択する。また，［オプション］ボタンをクリックすることで，PDFにするページの範囲などの設定が行える。

〔4〕 ファイルの読み込み

ファイルを開きたい場合には，［PC］から開きたいファイルの場所まで移動し，そのファイルをダブルクリックすることで開くことができる。

また，［ファイル］タブの中の［開く］をクリックし，［このPC］をダブルクリックすることでファイルを選択することもできる。最近作成したファイルであれば，［開く］をクリックした際に表示される「最近使ったアイテム」から開いてもよい。

なお，初期設定の保存先であるドキュメントは，Windows 10の場合は［スタート］ボタン（デスクトップ UI 画面の左端）を右クリックし，エクスプローラーをクリックし，PC の中にある［ドキュメント］をクリックすることでファイルの一覧を見ることができる。

1.1.6 文書の印刷

印刷する場合には，最初に「印刷プレビュー」で文書が正しく作成できているかを確認したうえで印刷するほうが望ましい。［ファイル］タブをクリックし，［印刷］をクリックすると**図 1.18** のようなバックステージビューが表示される。

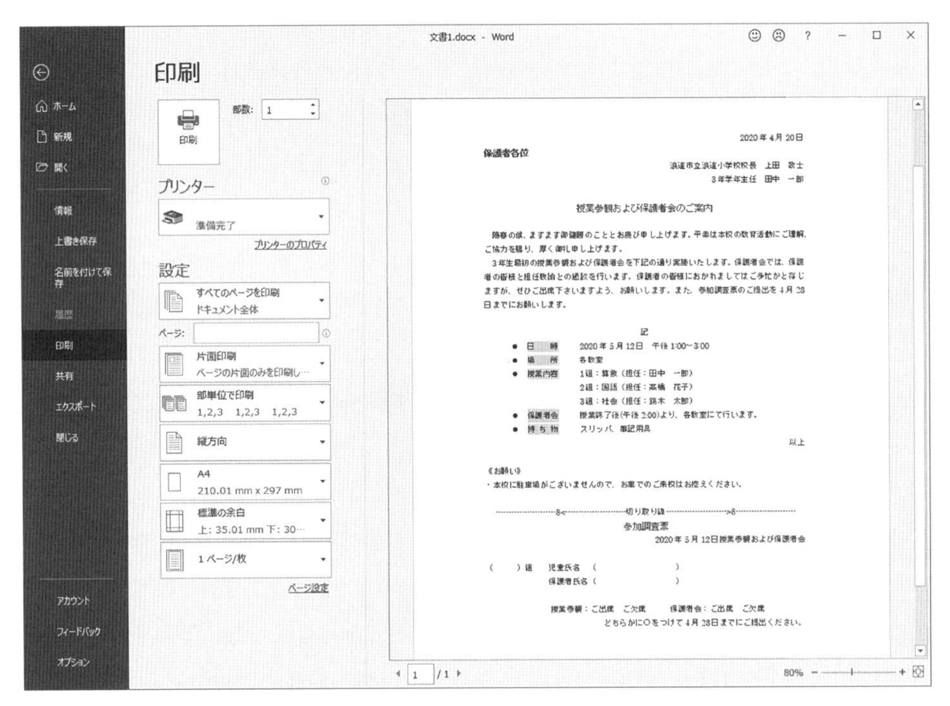

図 1.18　バックステージビュー（印刷プレビュー）

バックステージビューの左側には，印刷部数，プリンターの選択，印刷するページ，両面印刷や用紙などの設定項目が表示され，右側には印刷プレビューが表示される。プリンターを選び，印刷の設定を行い，上部に表示される［印刷］ボタンをクリックすることで印刷が開始される。

必要に応じて，「プリンター」の下に表示されている［プリンターのプロパティ］から，使用するプリンターの細かい設定（トナーセーブやカラー印刷などの設定）を行う。

なお，1.2.1 項でページ設定について説明しているが，余白の設定などはプリンターに依存する。同じ原稿でもプリンターを変えると印刷結果が異なることがあるので，自分が利用するプリンターで確認しておくとよい。

1.2　学年だよりを作ろう

1.2.1　「運動会のお知らせ」の作成

【例題 1.2】　**図 1.19** は学年だより「さくらもち」である。図の左側のような「運動会のお知らせ」を作成せよ。

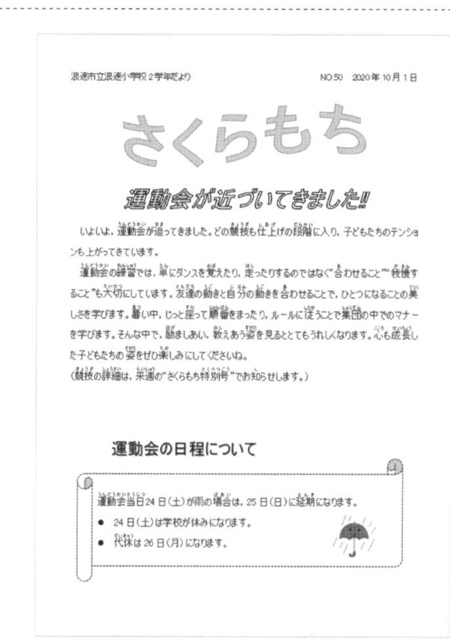

浪速市立浪速小学校２学年だより　NO.50　2020年10月1日

さくらもち

運動会が近づいてきました!!

いよいよ，運動会が迫ってきました。どの競技も仕上げの段階に入り，子どもたちのテンションも上がってきています。

運動会の練習では，単にダンスを覚えたり，走ったりするのではなく“合わせること”“我慢すること”も大切にしています。友達の動きと自分の動きを合わせることで，ひとつになることの美しさを学びます。暑い中，じっと座って順番をまったり，ルールに従うことで集団の中でのマナーを学びます。そんな中で，励ましあい，教えあう姿を見るととてもうれしくなります。心も成長した子どもたちの姿をぜひ楽しみにしてくださいね。

（競技の詳細は，来週の“さくらもち特別号”でお知らせします。）

運動会の日程について

運動会当日24日（土）が雨の場合は，25日（日）に延期になります。

● 24日（土）は学校が休みになります。

● 代休は26日（月）になります。

がくしゅうのよてい

	月(5日)	火(6日)	水(7日)	木(8日)	金(9日)
行事		授業参観		朝れい	
1	音がく	国語	国語	国語	道とく
2	さん数	さん数	さん数	さん数	国語
3	生かつ	生かつ	生かつ	体いく	図こう
4	国語	生かつ	体いく	音がく	図こう
5		国語	体いく		学かつ
しゅくだい	れんらくノートをみてやりましょう！				
もちもの	上ぐつ エプロン		体そうふく 赤白ぼう	体そうふく 赤白ぼう	
下校時間	2:20	3:00	3:00	2:20	3:00

☆れんらくノートもみながら，わすれものがないようにしましょう。

図 1.19　学年だよりの例

〈本文の例〉

いよいよ，運動会が迫ってきました。どの競技も仕上げの段階に入り，子どもたちのテンションも上がってきています。

運動会の練習では，単にダンスを覚えたり，走ったりするのではなく“合わせること”“我慢すること”も大切にしています。友達の動きと自分の動きを合わせることで，ひとつになることの美しさを学びます。暑い中，じっと座って順番をまったり，ルールに従うことで集団の中でのマナーを学びます。そんな中で，励ましあい，教えあう姿を見るととてもうれしくなります。心も成長した子どもたちの姿をぜひ楽しみにしていてくださいね。

（競技の詳細は，来週の“さくらもち特別号”でお知らせします。）

〈囲み文の例〉

運動会当日 24 日（土）が雨の場合は，25 日（日）に延期になります。

● 24 日（土）は学校が休みになります。

● 代休は 26 日（月）になります。

まずはじめに，作成したい学年だよりに合わせて，用紙サイズや余白の大きさなどページの設定を行う。ページ設定は，あとから調整することもできるが，表や図がずれてしまうこともあるため，はじめに設定しておくほうがよい。ページ設定は，つぎの手順で行う。

（1）**図1.20**（a）のように，［レイアウト］タブを選択し，［ページ設定］グループ右下の［ダイアログボックス起動ツール］という四角形のボタン をクリックする。

（2）図（b）の［ページ設定］ダイアログの［用紙］タブを選択し，用紙サイズを（ここでは，B5）変更する。

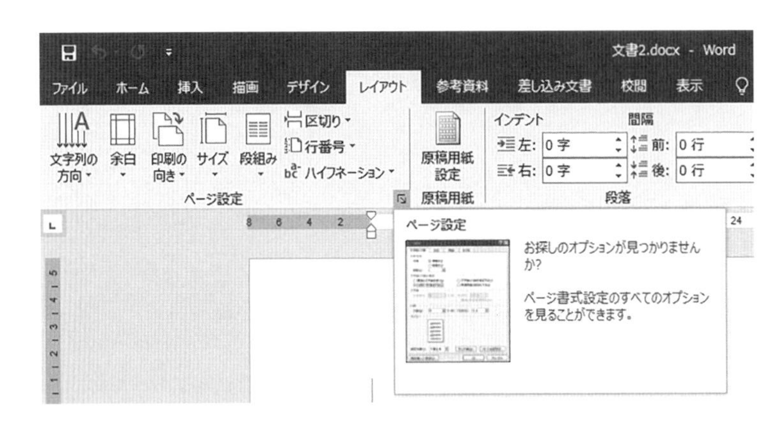

（a）［ページレイアウト］タブ

（b）用紙の設定

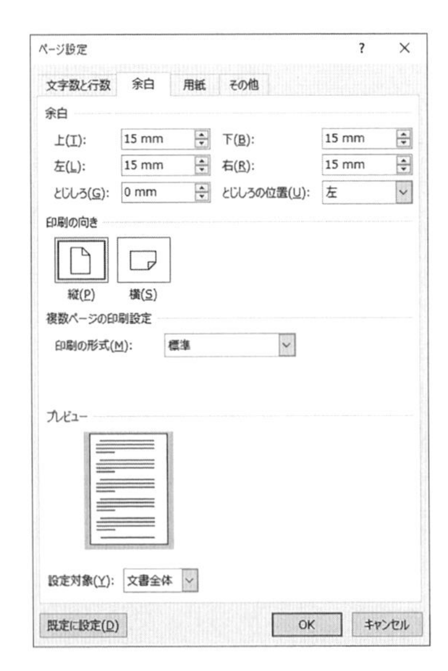

（c）余白の設定

図1.20　ページ設定

（3） ［余白］タブを選択し，図（c）のように，「印刷の向き」欄で［縦］か［横］を指定し，［余白］を設定（ここでは，上下左右とも 15 mm）し，［OK］ボタンをクリックする。

ページの設定ができたら，文章を書き始める位置にカーソルを合わせ，**図 1.21** のように文章を入力する（1.1.2 項参照）。本節では，フォントを「MS UI Gothic」にしておく。

図 1.21　文章の入力

1.2.2　タイトルの入力

学年だよりのタイトルには，ワードアートを用いたデザイン文字を使用する。ワードアートは，一つのデザインから文字の形状や背景色を変更することで，さまざまなバリエーションに変形させることが可能である。

ワードアートは，最初からワードアートとして用意してから文字を入力する方法と，普通に入力した文字をワードアートに変更する方法があるが，ここでは後者を利用する。

（1） 「さくらもち」と入力し，入力した文字をドラッグする。

（2） **図 1.22**（a）のように［挿入］タブの［テキスト］グループにある［ワードアート］をクリックし，好きなスタイルを選択する。

（3） 図（b）のように［(描画ツール）書式］タブの［ワードアートのスタイル］グループにある［文字の効果］をクリックし，［変形］から，好きな形状を選択する（例題では「波：上向き」）。

ワードアートのスタイルについては，後から変更することもできる。ワードアートをクリックすると，［(描画ツール）書式］が表示されるので，［ワードアートのスタイル］グループで変更することができる。削除したい場合は，ワードアートの外枠をクリックしてから Del キーを押せばよい。

普通の文字からワードアートに変更した場合，四角形という扱いになり，普通に入力された文字をよけるような設定となる。このままでも自由に動かすことができるが，たまにワードアートが消えることがある。ワードアートだけでなく，図形や写真，イラストなどは対象

（a）［挿入］タブ

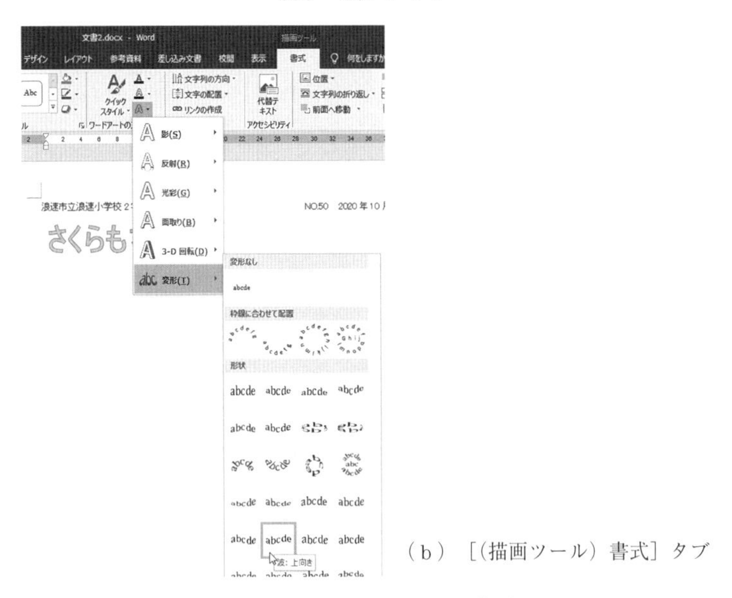

（b）［(描画ツール) 書式］タブ

図 1.22　ワードアートへの変更

をクリックし，［(描画ツール) 書式］タブにある，［配置］グループの［文字列の折り返し］を［前面］にするとよい。

ワードアートなどの図形の縮小・拡大については，つぎの手順で行う。

（1）ワードアートを選択して，変形ハンドルを表示させる。

（2）変形ハンドルの上にカーソルを合わせ（ポインタの形が双方向矢印に変わる），ドラッグし，ボタンを離す（ドラッグ＆ドロップ操作）と，図形の大きさが確定される。

上と下の左右中央にある変形ハンドルは縦方向に，左と右の上下中央にある変形ハンドルは横方向に，四隅にある変形ハンドルは自由自在に，縮小・拡大させることができる。**図 1.23** の［(描画ツール) 書式］タブにある［サイズ］からも，大きさを変更することができる。

ファイルから取り込んだ画像，テキストボックス，図形なども，同様の手順で大きさを変えることができる。あとの「運動会が近づいてきました !!」「運動会の日程について」「がくしゅうのよてい」（図 1.19 右側，例題 1.3）についても同様にワードアートを用いる。

図 1.23　図形の縮小・拡大

1.2.3　文 書 の 作 成

本文を入力する前に，ワードアートの部分に空行を入れておく。このとき，改行する場所によっては，ワードアートが一緒に移動してくることがあるので，ドラッグして元の位置に戻す必要がある。

本文は，「MS UI Gothic」の 12 pt にしてから**図 1.24** のように作成する。

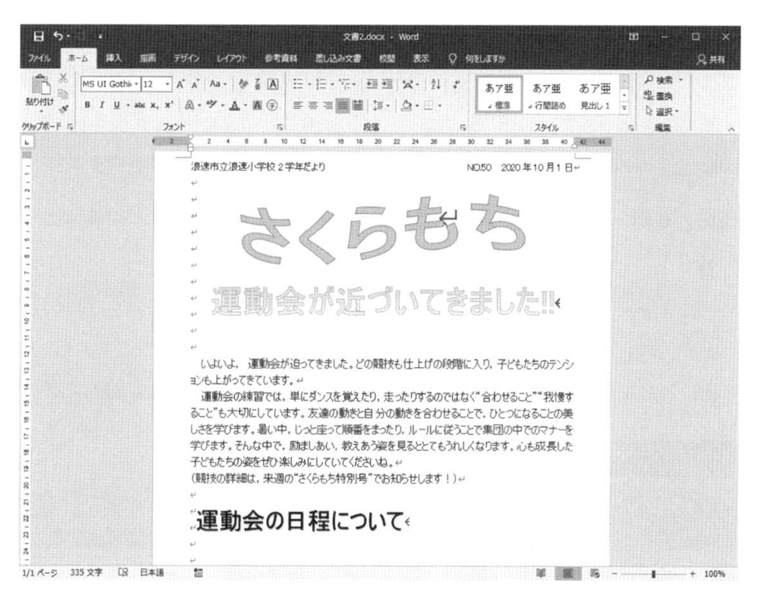

図 1.24　本文の作成

1.2.4　振 り 仮 名

作成した文章に，振り仮名（ルビ）を挿入するには，つぎの手順で行う。

（1）　**図 1.25**（a）のように，振り仮名を付ける部分を選択し，［ホーム］タブの［フォント］グループにある［ルビ］ボタン をクリックする。

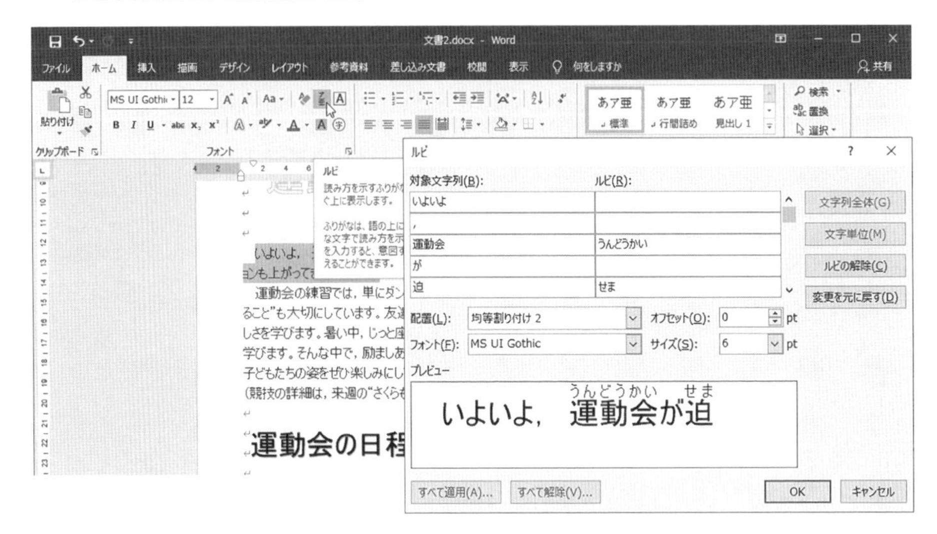

（a） 振り仮名を付ける部分の選択　　　　（b） ［ルビ］ダイアログ

図 1.25　振り仮名の挿入

（2） 図（b）の［ルビ］ダイアログのルビが，きちんと挿入されるかを確認し，読み方や配置が間違っている場合は訂正する。この例では，「迫って」の箇所を訂正している。

（3） ［ルビ］ダイアログの［配置］で振り仮名の位置を確認し，ルビと本文との距離を示したオフセットやフォントサイズを設定し直し，［OK］ボタンをクリックする。

振り仮名を挿入したり，フォントサイズを大きくすると，行間が広くなり間延びする。フォントサイズは変更せずに，文章の行間だけを狭くするには，つぎの手順で行う。

（1） **図 1.26**（a）のように，行間を狭める部分を選択し，［レイアウト］タブの［段落］グループ右下の［ダイアログボックス起動ツール］ボタン をクリックする。

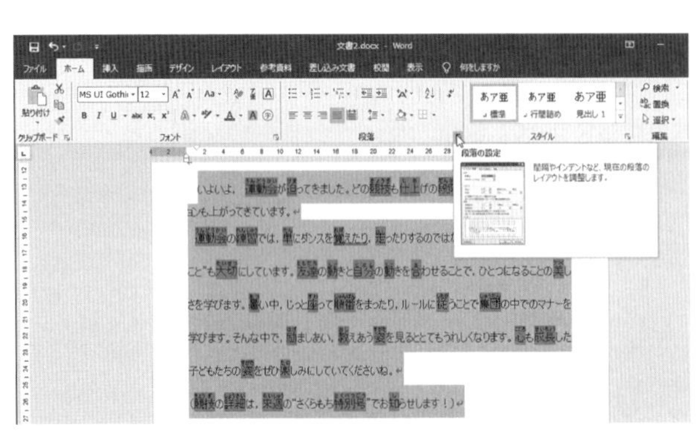

（a） 段落の設定　　　　（b） ［段落］ダイアログ

図 1.26　行間の設定

（2） 図（b）の［段落］ダイアログの［インデントと行間隔］タブを選択する。

（3） ［行間］を固定値にし，［間隔］を好みのポイント（ここでは，25 pt）に合わせて［OK］ボタンをクリックする。

ポイント（pt）は，文字のサイズを指定する基本単位で，字間や行間などの大きさを表すためにも利用される。1 pt は，約 0.353 mm である。行間の変更は，［ホーム］タブの［段落］グループにある［行間］ボタン からも変更することができる。

1.2.5 図 形 の 挿 入

文字を入力するためにテキストボックスというものがある。テキストボックスを利用することで，自由に文章を移動させることができ，レイアウトを自由に変更することができる。図形の中に文字を入力し，テキストボックスのような取り扱いをすることができるものがある。図形には，長方形や円などの基本図形，さまざまな線種，ブロック矢印，吹き出しなどがある。図形の挿入は，つぎの手順で行う。

（1） **図 1.27**（a）のように，［挿入］タブの［図］グループにある［図形］を選択し，利用したい図形（ここでは，［星とリボン］の［スクロール：横］）を選択する。

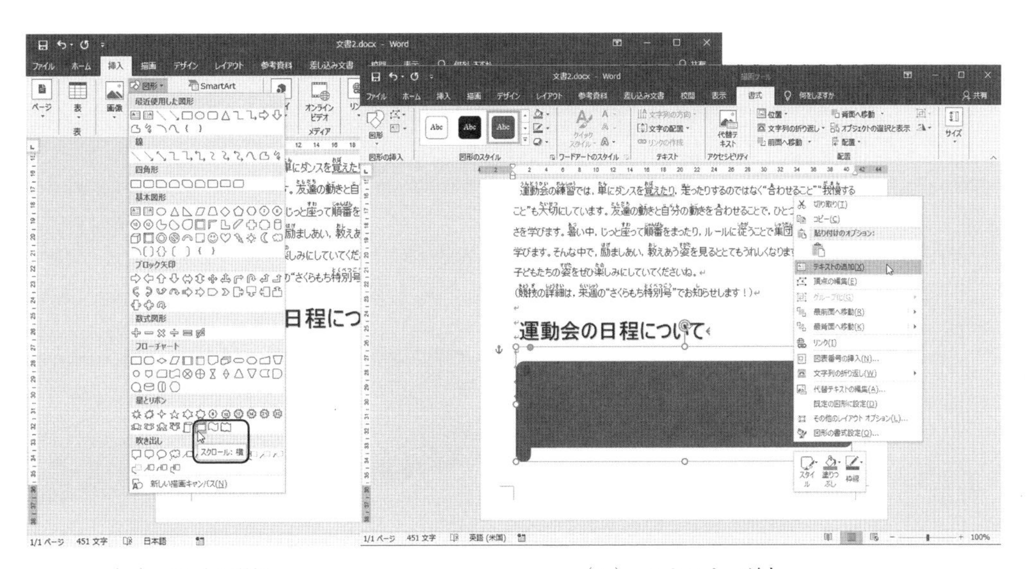

（a） 図形の選択　　　（b） テキストの追加

図 1.27 図形の挿入

（2） 図形を挿入したい場所を指定し，ドラッグしてボタンを離すと確定される。

図形に文章を書くためには，図（b）のように挿入した図形をクリックし，右クリックのメニューから［テキストの追加］をクリックする。文字のフォントサイズや振り仮名，行間などの設定は，1.2.4 項と同様である。

図形の背景色，枠線などの書式を設定するには，つぎの手順で行う。

（1）　書式を変更したい図形を選択する。

（2）　塗りつぶしを変更する場合は，**図1.28**（a）の［書式］タブの［図形のスタイル］グループにある［塗りつぶし］から好みのスタイル（ここでは，［枠線のみ－黒，濃色1］）を選択する。

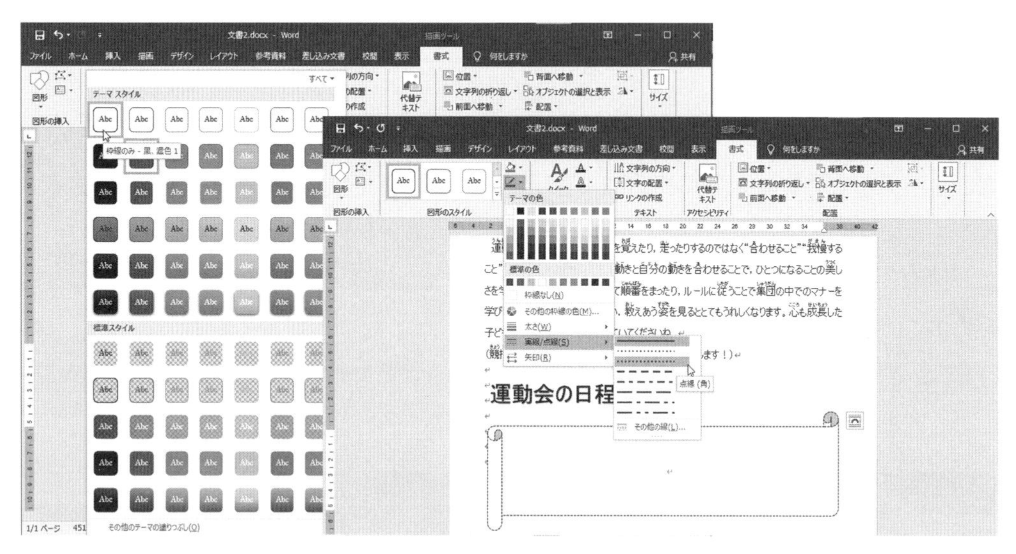

（a）　塗りつぶしの選択　　　　（b）　枠線の編集

図1.28　図形の書式設定

（3）　枠線の設定は，図（b）の［(描画ツール）書式］タブの［図形のスタイル］グループにある［図形の枠線］から，好みのスタイル（ここでは，［実線/点線］の［点線(角)]）を選択する。また，［図形のスタイル］グループから，枠線の太さなども変更することができる。

1.2.6　学習予定表の挿入

【例題1.3】　図1.19の右側のように，学年だよりに学習の予定表（時間割）を追加作成せよ。

時間割を作成するための表を挿入するには，つぎの手順で行う。

（1）　表を挿入する場所にカーソルを合わせ，**図1.29**（a）のように，［挿入］タブから［表］を選択し，［表の挿入］をクリックする。

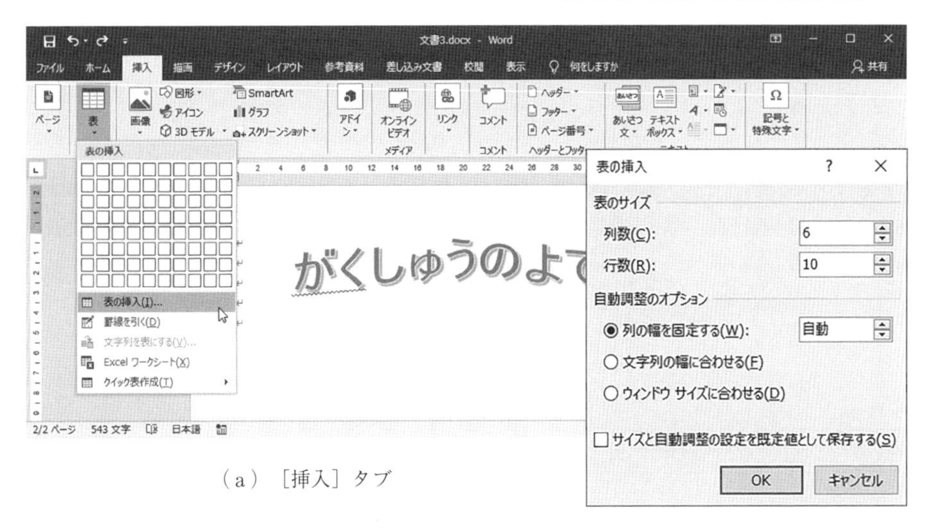

（a）［挿入］タブ

（b）［表の挿入］ダイアログ

図 1.29　表の挿入

（2）　図（b）［表の挿入］ダイアログの［表のサイズ］の「列数」を 6,「行数」を 10 に設定し，［OK］ボタンをクリックすると，表が挿入される。

（3）　カーソルを表の右下に移動させ（ポインタの形が双方向矢印に変わる），その矢印（ハンドル）をドラッグすると，表全体の大きさを変更することができる。

挿入した表の行数，列数を変更し，増やす場合は，つぎの手順で行う。

（1）　挿入したい位置の行（あるいは，列）を選択し，［表ツール］の［レイアウト］タブ（**図 1.30**）をクリックする。

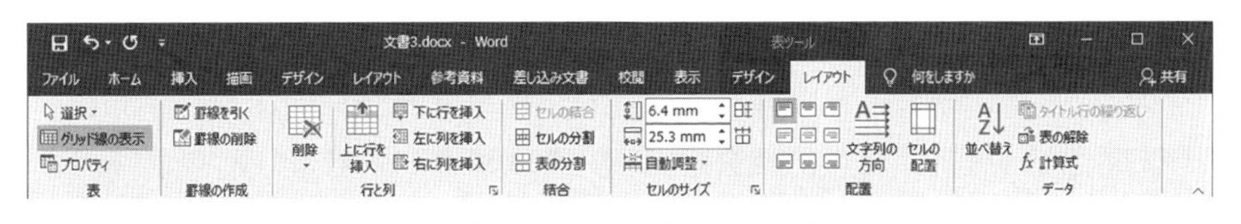

図 1.30　［表ツール］の［レイアウト］タブ

（2）　［行と列］グループから，挿入位置（例えば，［上に行を挿入］）を選択する。

削除する場合は同手順で行い，［行と列］グループの［削除］から適当なものを選択する。

つぎに，表のセルに学習の予定を書き込んでいく。表のセル内の文字についても，本文の文字と同様に，フォントの書式，振り仮名，行間，中央揃えなどの配置を設定することができる。また，セル内の文字の配置については，セルを選択し，［レイアウト］タブ（図 1.30）の［配置］グループから 9 種類の選択ができる。

表の大きさを，行単位，列単位で変更する場合は，つぎの手順で行う。

（1）　大きさを変更する列の罫線上にカーソルを移動する（ポインタの形が双方向矢印に

変わる)。

(2) **図 1.31** のように，カーソルをドラッグすると列幅が変更される。行の高さの変更も同様の操作で行える。

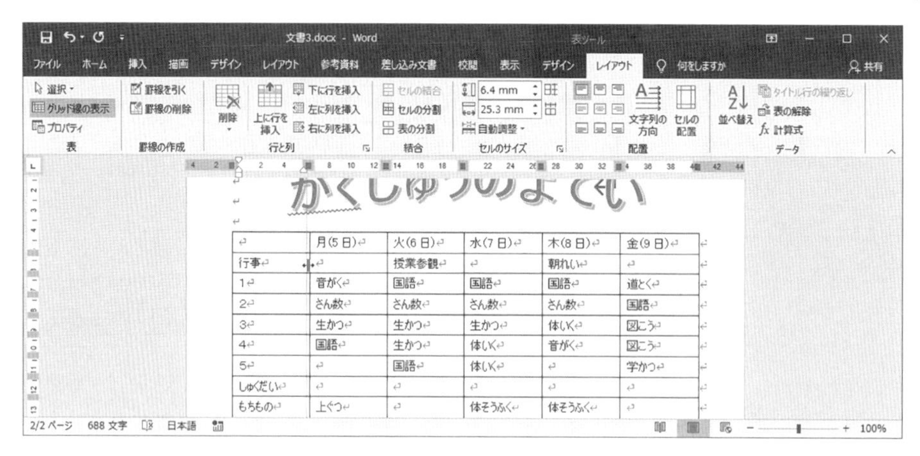

	月(5日)	火(6日)	水(7日)	木(8日)	金(9日)
行事		授業参観		朝れい	
1	音がく	国語	国語	国語	道とく
2	さん数	さん数	さん数	さん数	国語
3	生かつ	生かつ	生かつ	体いく	図こう
4	国語	生かつ	体いく	音がく	図こう
5		国語	体いく		学かつ
しゅくだい					
もちもの	上ぐつ		体そうふく	体そうふく	

図 1.31　列幅の変更

ある列幅を変更したのち，残りの列幅を均等にする場合は，つぎの手順で行う。

(1) 列幅を均等にしたい列を選択し，[(表ツール) レイアウト] タブをクリックする。

(2) [セルのサイズ] グループから，[幅を揃える] をクリックする。

行の高さを均等にする場合は，同手順で行い，[高さを揃える] をクリックする。

「しゅくだい」欄のように，表の複数のセルを結合するには，つぎの手順で行う。

(1) **図 1.32** のように，結合したいセルをドラッグし，選択する。

(2) [レイアウト] タブの [結合] グループにある [セルの結合] をクリックする (図 1.32)。

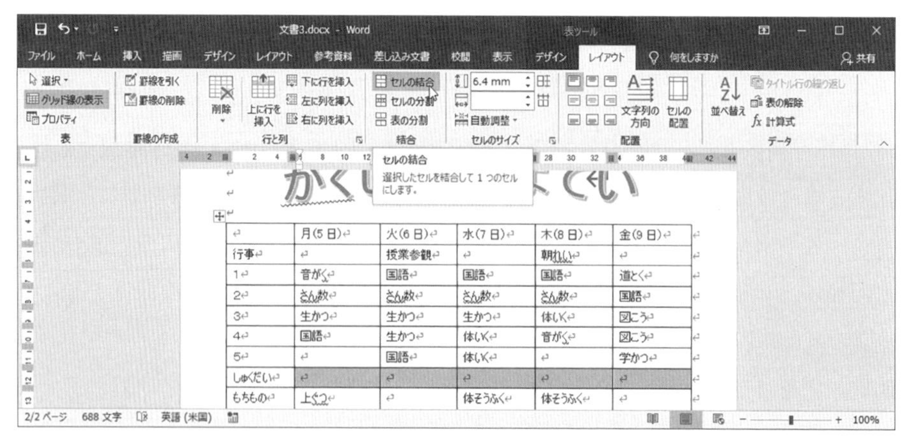

	月(5日)	火(6日)	水(7日)	木(8日)	金(9日)
行事		授業参観		朝れい	
1	音がく	国語	国語	国語	道とく
2	さん数	さん数	さん数	さん数	国語
3	生かつ	生かつ	生かつ	体いく	図こう
4	国語	生かつ	体いく	音がく	図こう
5		国語	体いく		学かつ
しゅくだい					
もちもの	上ぐつ		体そうふく	体そうふく	

図 1.32　セルの結合

セル内の文字を中央揃えしたい場合は，中央揃えしたいセルをドラッグして選択し，［ホーム］タブの［段落］グループにある［中央揃え］ボタン ≡ をクリックする。もしくは，［レイアウト］タブの［配置］グループの9種類の中から選択すると，セルの中心を基準に文字列を中央揃えができる。

表全体を画面の中央に配置したい場合は，表の上にカーソルを移動し，表の左上隅に表示される十字形の矢印 ⊞ をクリックし表全体を選択してから，［中央揃え］ボタンをクリックする。

表を削除する場合は，同様に，表全体を選択してから Back Space キーを押す。表内の文字を削除する場合は，削除したい箇所を選択してから Del キーを押す。

罫線のスタイルを変更，追加するには，つぎの手順で行う。

（1） 表をクリックし，［デザイン］タブを選択する。

（2） **図1.33**のように，［飾り枠］グループから，［罫線のスタイル］，［ペンの太さ］，［ペンの色］を選択し，［罫線］の▼の中にある［罫線を引く］をクリック（ポインタが鉛筆に変わる）する。

図1.33 罫線のスタイル変更

（3） 罫線を引きたい場所にカーソルを移動させドラッグする。斜めにドラッグすれば，斜線を引くことができる。

1.2.7 画像・イラストの挿入

画像やイラストは，自分で撮影した写真を利用したり，自分で絵を描いたり，Web上のフリー素材†を利用することができる。ただし，利用条件などをよく確認してから使うよう

† 本章で利用しているイラストは，「かわいいフリー素材集 いらすとや」[5] の無料のイラストデータ集である。

にする。画像やイラストの挿入は，つぎの手順で行う。

（1）　目的に沿ったイラストを Web ページから，場所を決めて保存する。

（2）　挿入したい場所をクリックしてから，［挿入］タブの［図］グループにある［画像］を選択する。

（3）　［このデバイス…］をクリックする。

（4）　保存した場所から挿入したい画像を選択し，［挿入］ボタンをクリックする。

挿入した画像は，サイズが大きすぎることがある。イラストや写真などは，縦横の比率（アスペクト比）を変えないように，サイズ変更時，四隅にあるいずれかの変形ハンドルをドラッグする。

挿入した直後は本文の［行内］に挿入されるため，自由に動かすことができない。図形を自由に移動できるようにするには，つぎの手順で行う。

（1）　挿入した図形をクリックすると，**図 1.34** のように［（図ツール）書式］タブが表示される。

図 1.34　図形の［前面］表示

（2）　［配置］グループの［文字列の折り返し］から，［前面］を選択する。

（3）　前面に設定すると，図形はドラッグして自由に移動できる。

同じようにして，例題 1.2（図 1.19）に，かさのイラストを入れておこう。

1.3　レポートの作成方法を考えよう

1.3.1　レポートの準備

【例題 1.4】　図書館の利用調査に関するレポートを作成するにあたり，レポート作成の注意事項にしたがって，**図 1.35** のようなレポートの項目を作成せよ。

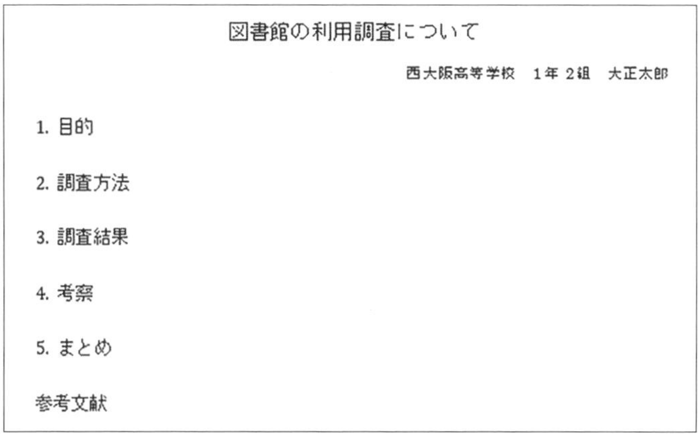

図書館の利用調査について

西大阪高等学校　1年 2組　大正太郎

1. 目的

2. 調査方法

3. 調査結果

4. 考察

5. まとめ

参考文献

図 1.35　レポートの作成

レポートの作成指導や題材検討を想定して，例題のような図書室の利用者数を調べる場合，調査内容は利用者が多い時間帯を調べることである。しかし，利用状況が学年によって異なることも考えられる。

さらに個人を特定できないものにするため，入退室時間と学年を調査内容とすることとする。また，調査方法としては，図書委員の人にお願いして，入退室時に利用者に用紙に記載してもらう方式を取ると，図書室の開放時間に漏れなく調査することが可能である，というように考えていく。

レポートの基本的な構成は，序論，本論，結論となる。序論はテーマや目的，本論は調査方法，調査結果，考察を，そして結論はまとめを書くようにする。コラム（レポート作成の注意事項）に示すように，これらの構成を先に作成する。

必要な文字を入力する。タイトルは MS ゴシック 14 pt で中央揃え，学校名や名前は右揃え，目的や調査方法などの各章タイトルの下に空行を一つずつ空けておく。また，章タイトルであることをわかりやすくするため，1. 目的 の行をクリックしてから，［ホーム］タブの［スタイル］グループにある，［見出し 1］をクリックする（**図 1.36**）。ほかの章タイトルも同様に作成していく。ただし，参考文献については章番号を付けない。

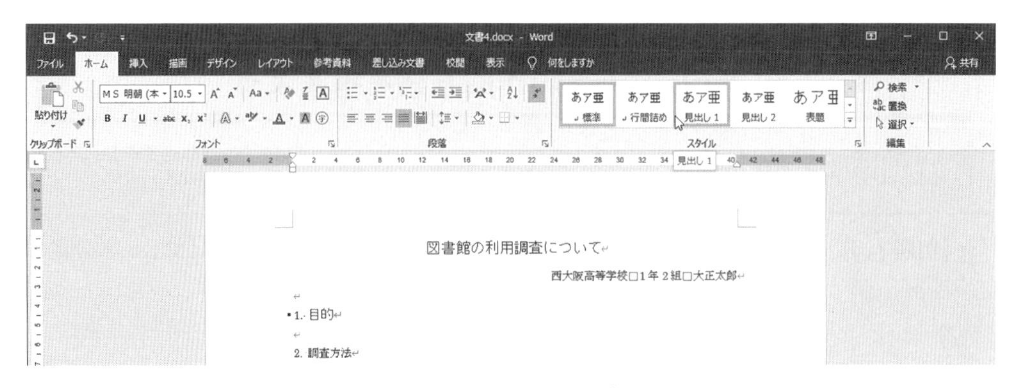

図 1.36　見出し 1 の設定

〈レポート作成の注意事項〉

レポートの基本的な構成は，序論，本論，結論となる。序論はテーマや目的，本論は調査方法，調査結果，考察を，そして結論はまとめを書くようにする。

序論（テーマや目的）→ 本論（調査方法，結果，考察）→ 結論（まとめ）

まず，はじめに，レポートを作成する際は，テーマをどうするか，どのようなことを何のために調査するのか，という目的が大切になる。この目的を達成するために，調査内容をしっかりと確認する。ただし，調査内容によっては，個人情報を取り扱うこともある。個人を特定できない形で調査することができないか，個人を特定する形で調査するような場合は，個人情報の取り扱いについて細心の注意を払わなければならない。

このうえで，調査方法を考え，自分が調査したい内容に対して十分かを吟味する。そして，調査方法が決まれば，実際に調査を行うことになる。

調査が終われば，調査結果を表やグラフにして整理し，どのようにすれば見やすく，伝わりやすいか，ということを考えてまとめる。調査結果から，なぜそのような結果になったのかを分析し，考察する。このとき，さまざまな書籍などを参考にすることになる。最終的に，調査結果や考察から，今回の調査全体に対する結論（まとめ）を作成する。

レポートの中で他人の著作物から引用する際には，他人の著作物を少し使う程度でとどめる。また，引用部分を「 」で囲うなどして自分の著作物と明確に区別し，引用物の著作者名，題名など表記し，出所を明示しなければならない（付録 2 参照）。

なお，参考文献の書き方については，科目と専門分野によって異なるが，例えば，つぎのような書き方をする。

（1）高橋参吉（編著），高橋朋子，下倉雅行，小野淳，田中規久雄（共著）：“教職・情報機器の操作 ― ICT を活用した教材開発・授業設計 ―”，pp.25-32 コロナ社（2021）

1.3.2 表紙の作成

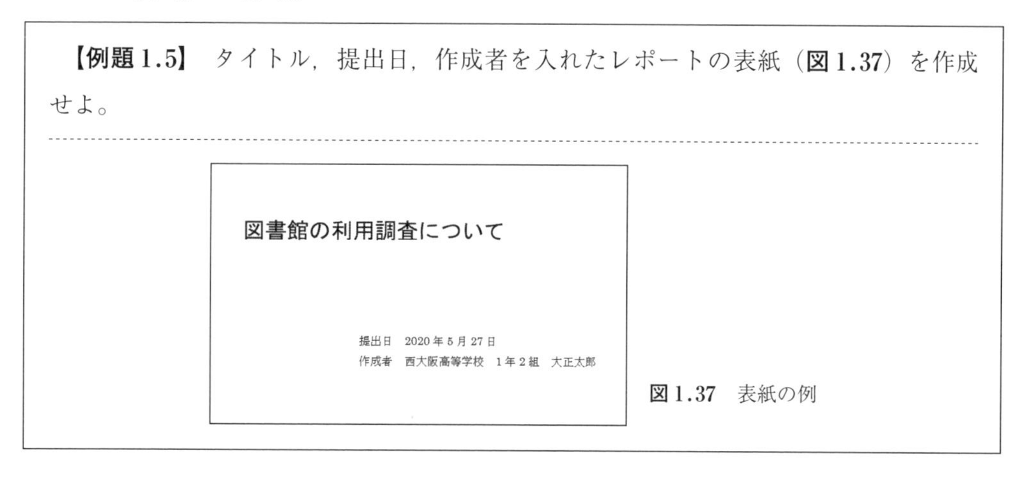

【例題1.5】 タイトル，提出日，作成者を入れたレポートの表紙（**図1.37**）を作成せよ。

図1.37 表紙の例

表紙を別途作成するためには，現在作成している前にページが必要となる。そのため，例題1.4で作成した目的の前の行で改ページを入れる。［レイアウト］タブの［ページ設定］グループにある，［区切り］をクリックし，［改ページ］をクリックする（**図1.38**）。改ページを入れると，ページの先頭部分に改ページの記号が入るが，通常では見えない。［ホーム］タブの［段落］グループにある，［編集記号の表示］をクリックすることで表示される（1.1.1項コラム参照）。表紙は，この改ページ記号の前に作成する。

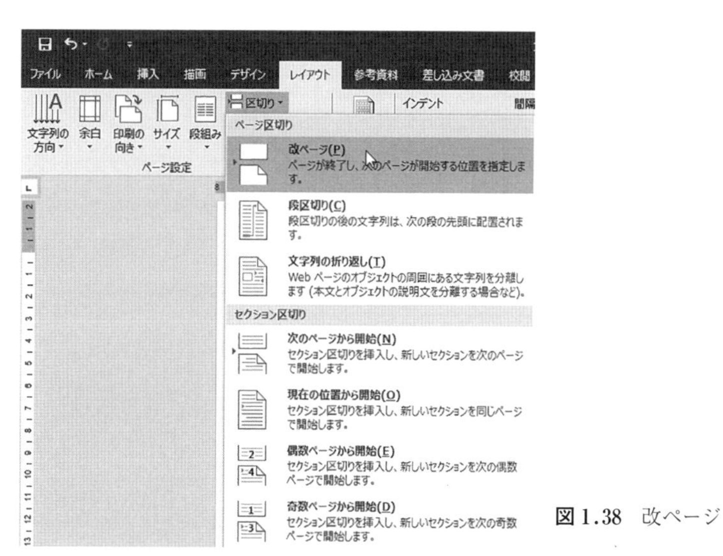

図1.38 改ページ

実際の表紙では，タイトル行の先頭で空行を四つ入れている。タイトル部分は，「MS ゴシック」20 pt に変更している。例題1.4で作成した作成者行は，両端揃えにし，その行の先頭で空行（適当な数）を入れる。さらに，作成日，提出日などを追加する。つぎに，作成日，提出日，作成者を左インデントで全体が入るように右に寄せて調整する。

1.3.3 本 文 の 作 成

【例題 1.6】 レポートの本文（1 ページ目）（**図 1.39**）を作成せよ。なお，2 ページ目には，4. 考察，5. まとめ，そして，参考文献を記載する。

1. 目的

学校の図書室がどの程度利用されており，曜日や時間帯によって利用状況がどのように異なるかを調査し，その理由について考察する。

2. 調査方法

図書室に入退室記録の用紙を置き，入った時と帰る時に記入してもらう。用紙の設置場所は，図書室の入り口付近の図書委員がいる受付の前にしてもらった。最大 45 名記入できる調査表を作成し，学年に〇をつけ，入室時間と退室時間を記入するような調査表を作成した。

図書室が閉室時に翌日の用紙に入れ替える。これを 5 月 18 日月曜日から 5 月 22 日金曜日まで繰り返す。

3. 調査結果

集められた回答は 75 名で，うち 1 年生が 25 名，2 年生が 24 名，3 年生が 26 名であった。学年別の利用者については，特に大きな差はなかった。曜日差，学年差を調べるため，表 1 のように集計を行った。次に，時間帯，曜日で集計した結果は表 2 のようになった。

表 1 学年・曜日別の利用者数

	月	火	水	木	金	合計
1 年生	3	3	3	5	11	25
2 年生	3	3	6	6	6	24
3 年生	6	4	7	4	5	26
合計	12	10	16	15	22	75

表 2 時間帯・曜日別の利用者数

	月	火	水	木	金	合計
12 時台	1	2	0	0	0	3
15 時台	3	2	5	5	7	22
16 時台	5	5	7	6	10	33
17 時台	3	1	4	4	5	17
合計	12	10	16	15	22	75

図 1.39 レポートの本文

本文は，各章に合うように入力していく。レポートでは，ですます調ではなく，である調を利用する。また，図および表を利用する場合には，図番号や表番号を付けることとなる。図番号は図の下，表番号は表の上に付け，「表 1　学年・曜日別の利用者数」のように，表や図のつぎに番号，その後に図や表のタイトルを付ける。レポートの本文で，この図番号や表番号を利用して，よりわかりやすく説明する，という形をとる。

1.3.4　目 次 の 作 成

【例題 1.7】　図 1.40 のような目次だけのページを表紙の次のページとして作成せよ。ただし，ページは本文が 1 ページとなるようにし，表紙および目次にはページ番号が付かないようにすること。なお，ページ番号は本文にのみ付けるものとし，ページ番号は右下に付けるものとする。

目次

1. 目的 1
2. 調査方法 1
3. 調査結果 1
4. 考察 2
5. まとめ 2
参考文献 2

図 1.40　目　次

目次を作成する場合，［スタイル］から章に［見出し 1］，節に［見出し 2］を設定しておくことで，自動作成が使えるようになる。目次を表紙ページの次のページに作成するため，表紙に置いた改ページ記号の後ろで改行したところで，改ページを入れる。

表紙や目次にはページ番号を付けないようにするには，セクション区切りを利用する。改ページの記号の後ろでクリックし，［レイアウト］タブの［ページ設定］グループにある［区切り］をクリックし，セクション区切りの中の「次のページから開始」をクリックする（**図 1.41**（a））。すると，改ページとセクション区切りが図（b）のようになる。

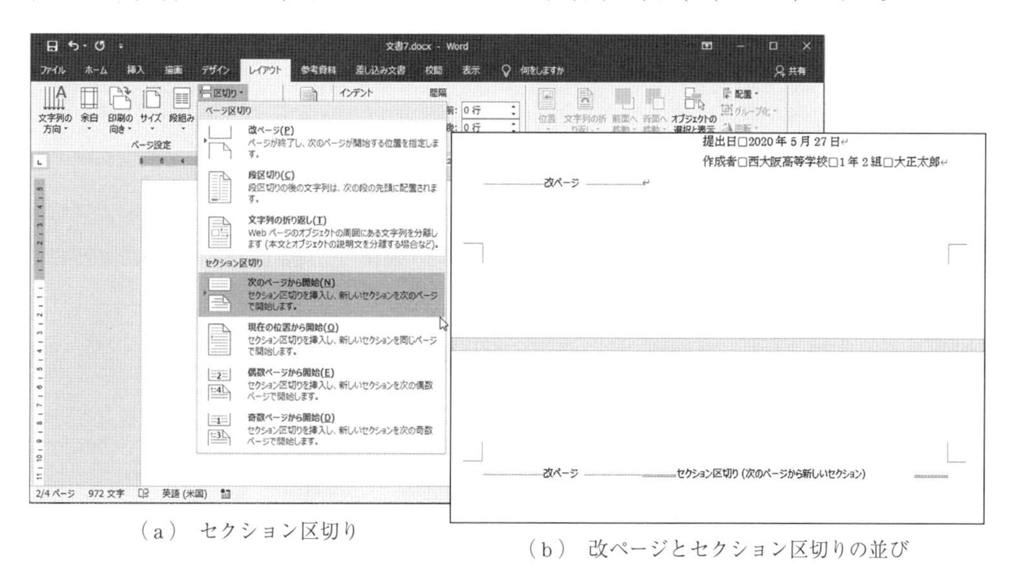

（a）　セクション区切り

（b）　改ページとセクション区切りの並び

図 1.41　セクション区切り（次のページから開始）

目次の作成手順はつぎのようになる。

（1） セクション区切り横の改ページの前に，目次という文字を入力し，2行ほど空けておく。目次の文字は，MS ゴシック 14 pt としている。

（2） ［参考資料］タブの［目次］グループにある［目次］をクリックし，［ユーザー設定の目次］をクリックする（**図 1.42**（a））。［目次］ダイアログ（図（b））では，細かい設定もできるが，ここではそのまま［OK］ボタンをクリックする。

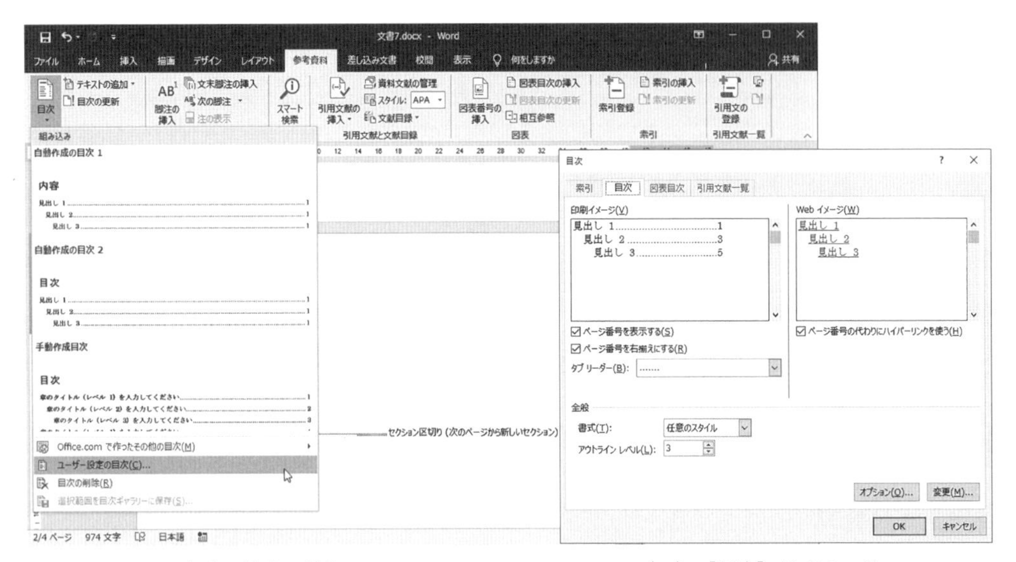

（a） 目次の挿入　　　　（b）［目次］ダイアログ

図 1.42　目次の作成

この状態で作成された目次は，表紙を含めたページ番号が表示されるため，つぎの手順で本文から1ページ目が始まり，本文のみページ番号を付ける。

（1） 本文の適当な場所をクリックし，［挿入］タブの［ヘッダーとフッター］グループにある［フッター］をクリックし，［フッターの編集］をクリックする。

（2） ［(ヘッダー/フッターツール) デザイン］タブの［ナビゲーション］グループにある，［前と同じヘッダー/フッター］が選択状態（網掛け）（**図 1.43**（a））になっている場合は，クリックして解除する（図（b））。

（3） ［(ヘッダー/フッターツール) デザイン］タブの［ヘッダーとフッター］グループにある［ページ番号］をクリックし，［ページ下部］の「番号のみ 3」をクリックする。

（4） ［(ヘッダー/フッターツール) デザイン］タブの［ヘッダーとフッター］グループにある［ページ番号］をクリックし，［ページ番号の書式設定］をクリックする。

（5） ページ番号の書式ダイアログで，**図 1.44** のように連続番号部分の開始番号にチェックを付け，1にして，［OK］ボタンをクリックする。

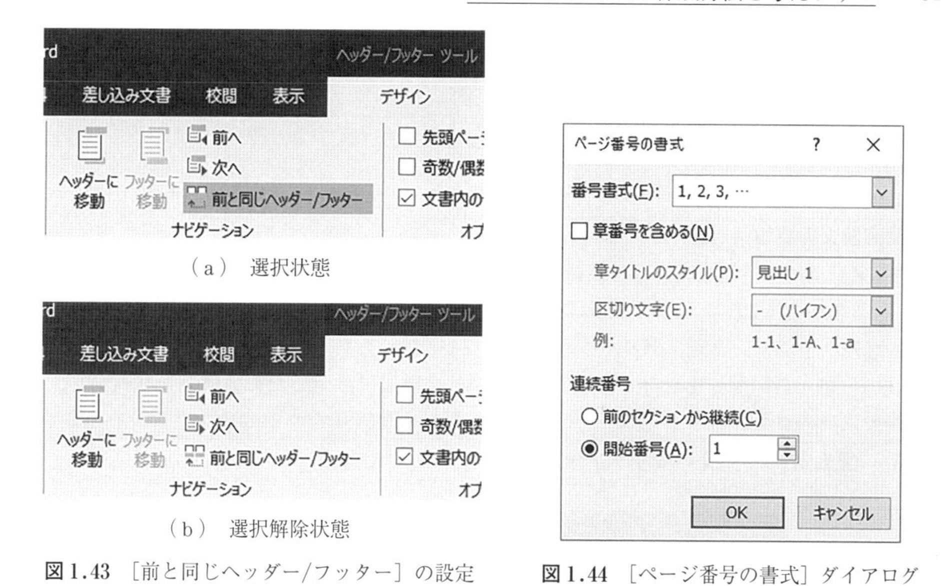

（a）　選択状態

（b）　選択解除状態

図 1.43　［前と同じヘッダー/フッター］の設定

図 1.44　［ページ番号の書式］ダイアログ

（6）［(ヘッダー/フッターツール) デザイン］タブの［閉じる］グループの［ヘッダーとフッターを閉じる］ボタン ☒ をクリックし，フッターの編集状態を終了する。

これらの修正だけでは，目次は更新されない。ページの増減時や目次に表示する項目の増減，ページ番号の変更などを行った場合は，目次の更新作業が必要である。目次の更新は，［参考資料］タブの［目次］グループにある［目次の更新］をクリックする（**図 1.45**（a））。

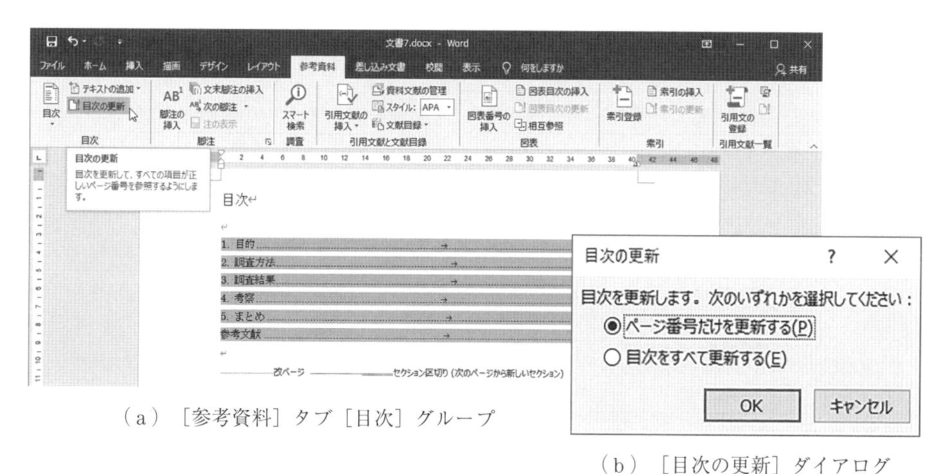

（a）［参考資料］タブ［目次］グループ

（b）［目次の更新］ダイアログ

図 1.45　目次の更新

［目次の更新］ダイアログ（図（b））では，目次に表示する項目の増減や修正がなければ，「ページ番号だけを更新する」でよい。もし，表示項目の増減があった場合は，「目次をすべて更新する」を選ばないと，追加された項目が表示されなかったり，消した項目が残っていたり，変更したものが反映されない，といったことが起きる。

〈**研究論文の要旨**〉

学会発表などの研究論文では，最初は1段組だが，途中から2段組に設定するような場合がある。この場合，1段組から2段組に変えるところにセクション区切りを入れる。［レイアウト］タブの［ページ設定］グループにある，［区切り］をクリックし，セクション区切りの「現在の位置から開始」をクリックする。その後，2段組に設定したい箇所をクリックし，［レイアウト］タブの［ページ設定］グループにある［段組］をクリックし，2段を選ぶ（**図1.46**）。**図1.47**は，例題のレポートを2段組にしたものである。

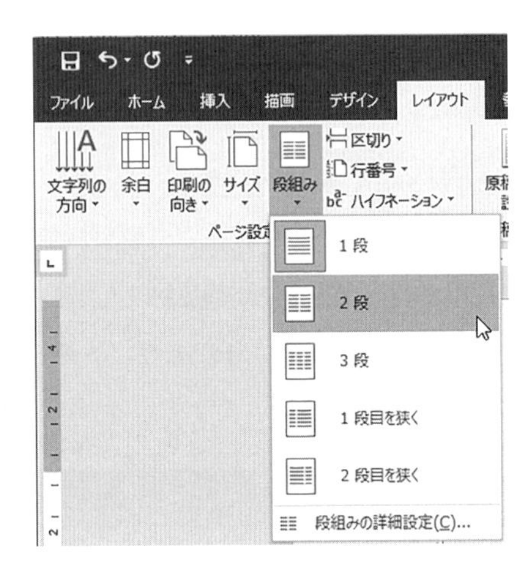

図1.46　2段組の設定

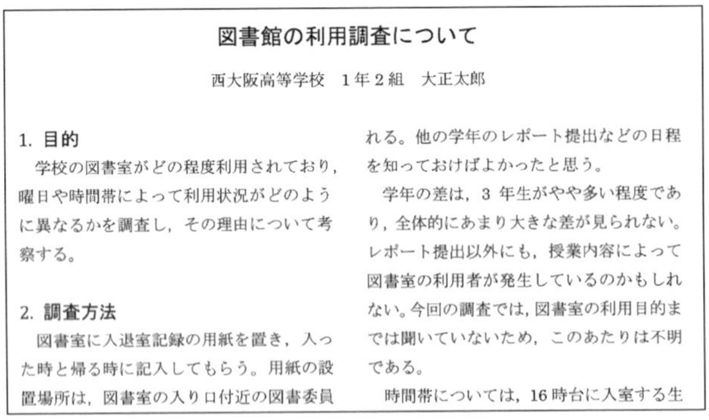

図書館の利用調査について

西大阪高等学校　1年2組　大正太郎

1. 目的

学校の図書室がどの程度利用されており，曜日や時間帯によって利用状況がどのように異なるかを調査し，その理由について考察する。

2. 調査方法

図書室に入退室記録の用紙を置き，入った時と帰る時に記入してもらう。用紙の設置場所は，図書室の入り口付近の図書委員

れる。他の学年のレポート提出などの日程を知っておけばよかったと思う。

学年の差は，3 年生がやや多い程度であり，全体的にあまり大きな差が見られない。レポート提出以外にも，授業内容によって図書室の利用者が発生しているのかもしれない。今回の調査では，図書室の利用目的までは聞いていないため，このあたりは不明である。

時間帯については，16 時台に入室する生

図1.47　レポートの2段組

演　習　問　題

（1） **図1.48**のような学級だよりを縦書き3段組で作成しなさい。

学級だより

No.6

令和2年10月16日

すっかり夜も涼しくなり、ようやく秋という感じになってきました。運動会も終わり、これから冬に近づいていきます。体調をくずさないように気をつけましょう。

スポーツの秋

運動会はどうだったでしょうか?自分の力を出し切って、しっかりがんばれたと思います。もしかしたら、失敗したなぁ、と思うことがあっても、それをくよくよせず、その失敗をいかして、これからもがんばって欲しいと思います。

また運動会の思い出として、作文を書いてもらうつもりです。しっかり自分が書きたいことを考えておいてくださいね。

読書の秋

秋といえば、『読書の秋』、というわけで、すごしやすくなってきたこの季節、せっかくですから本を読みましょう。図書室にはたくさんの本があります。推せん図書から選んでもいいですし、自分が好きな本を読んでもいいでしょう。

文字を読むこと、そして、文字からそのお話の内容を頭の中に思い浮かべることができると、本を読むことが楽しくなります。

ただし、本を読む時は、部屋を明るくして読むようにしましょう。暗いところで本を読むと、目にあまりよくありません。

芸術の秋

秋といえば『芸術の秋』、というわけで、紅葉もきれいなこの季節、それらを見た感動を絵で残してみましょう。上手に描くというよりも、楽しんで描く、ということが大事です。楽しみながら描いていけば、知らない間にうまくなっていくものです。難しく考えてしまったら何も描けなくなってしまいます。楽しく絵を描いていきましょう。

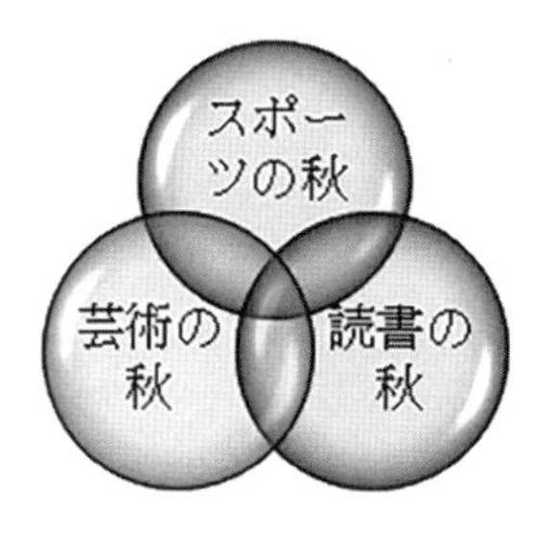

図1.48　学級だより

（2） 例題1.6のレポートを完成させなさい。

1） 図書室の図（**図1.49**）を図形で作成し，2. 調査方法に追加しなさい。

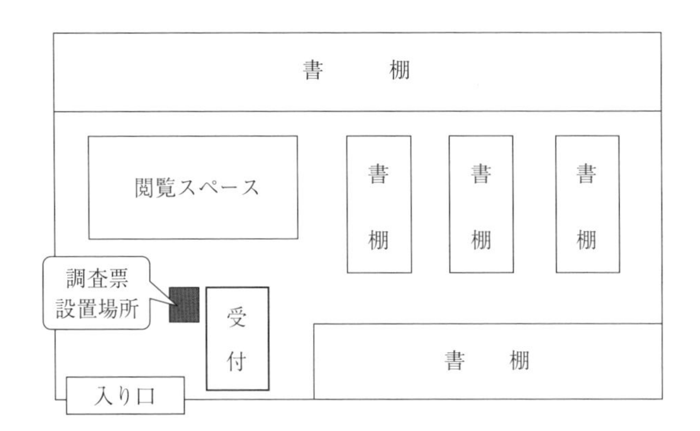

図1.49　図書室

2） 2ページ目の4. 考察（200～300字程度），5. まとめ（100～200字程度）を記入しなさい。

3） レポートの文字部分のみを利用し，図1.47に示したように，タイトル，作成者は1段組に，本文は2段組にしたレポートを作成しなさい。

（3） **図1.50**を参考にオープンキャンパスのしおりを作成しなさい。

大阪大学オープンキャンパス訪問のしおり

2020年7月
大阪府立北新地高等学校

［目次］

開催日時等
2020年7月30日
集合場所：本校体育館前
時間：AM９：００・・・・・

本訪問の目的
　大阪大学を志望する生徒に対して，キャンパスを訪問することにより，motivationを高めることが目的である。

訪問先
　大阪大学豊中キャンパス
　文，法，経済，基礎工学，理学の各学部

各学部の概要

文学部
　人文学の教育研究を通じて，人間存在の在り方及び人間の社会的・文化的営為を深く理解し，高度の論理的思考力と豊かな感性によって人間社会の未来を切り拓く能力をもった人材を養成することを目的とする。

法学部
　法又は政治をめぐって長い歴史と伝統の中で培われてきた学問の教育研究を通じて，人々の生き方又は社会のあり方を精深かつ多面的に理解し，高度の論理的思考力及び豊かな対話能力に基づいて人類又は世界の未来を切り開いていく人材を養成することを目的とする。

1

経済学部
　経済及び経営システムに関して理論的，実証的及び歴史的なアプローチに基づき，経済及び経営に関する知識の応用及び学問的な貢献を行うことのできる人材を育成するための教育を行うとともに，この教育を通じて，経済及び経営に関する理解を踏まえ，人間に対する深い愛情を持って，世界や日本で生起する社会現象をとらえ，人類の福祉の向上に情熱を燃やす学生を育成することを目的とする。

理学部
　幅広い自然科学の基礎に裏付けられた柔軟な発想を身に付け，自然に対する鋭い直感と的確な判断力を養い，その素養を背景にして社会に貢献する人材を育成することを目的とする。

基礎工学部
　科学と技術の融合による科学技術の根本的開発及びそれにより人類の真の文化を創造することを教育研究理念とし，この理念のもと，理学と工学のバランスのとれた深い専門教育の実践と人間性を涵養する質の高い教養教育を通じ，次に掲げる人材を養成することを目的とする。

大阪大学会館

2

図1.50　オープンキャンパスのしおり

2. 成 績 処 理

本章では，成績処理のプログラムを表計算ソフト（Microsoft Excel 2019）で作成することを例として，ワークシートの作成，関数の基本，データの並べ替えの操作方法について学ぶ。さらに，ブックやマルチシートの取り扱い，グラフの作成，データの抽出，差し込み印刷，オブジェクトの貼り付けなどについても学ぶ。

2.1 成績表を作ろう

2.1.1 成績表の作成

【例題 2.1】 **表 2.1** のような成績表を作成せよ。また，合計点と平均点の欄を作成し，計算式により求めよ。

表 2.1 成績表

生徒番号	氏　名	国　語	数　学	英　語
1	青木　恵美	58	60	39
2	井上　弘樹	82	62	79
3	大田　優子	58	68	65
4	近藤　圭太	70	81	92
5	清水　洋子	74	56	72
6	田中　雄一	84	78	96
7	戸田　直子	67	71	76
8	中野　大地	75	67	68
9	野村　幸	90	69	93
10	広田　学	71	59	88
11	本田　美香	73	52	42
12	松本　恵	91	78	84
13	森下　大輔	58	59	52
14	山口　知香	71	48	67
15	湯川　達也	66	45	70

注）なお，成績データなどの個人情報の取り扱いに関しては細心の注意を払うこと（付録2参照）。

最初に，Excel の起動と終了について，簡単に説明する。

Excel を起動し，空白の Book を選択すると**図 2.1** のようなワークシート（Book1）がウィンドウ画面に表示される。

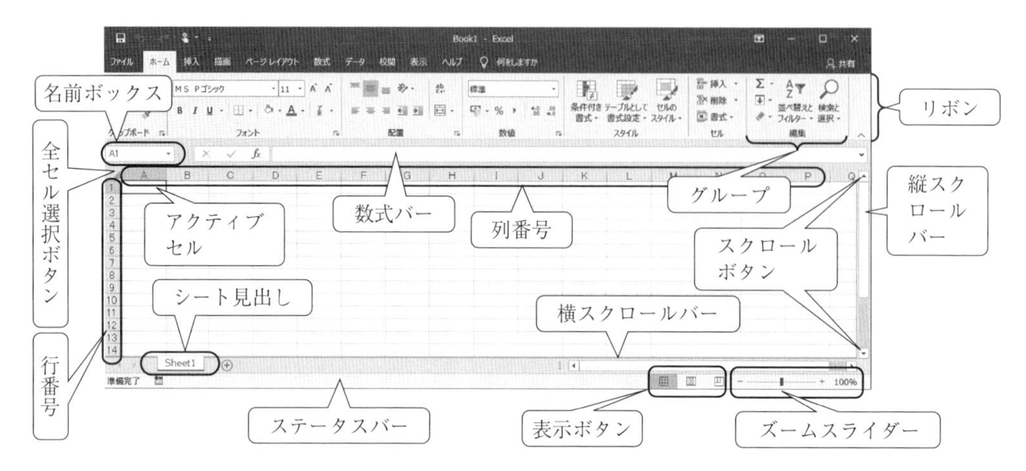

図 2.1　Excel の基本画面

Excel では，ワークシート上に記入された文字や数値，あるいは，計算式によって，データの集計や計算などを行うことができる。Excel の終了は，図 2.1 の［ファイル］タブにある，［閉じる］をクリックする。あるいは，Excel のウィンドウの左上端にあるコントロールメニューアイコン（Excel のアイコン）をクリックし，［閉じる］を選択すると Windows の画面に戻る。ただし，作成中のワークシートがある場合は，保存するか，破棄するかを指示する必要がある。

2.1.2　ワークシートへの入力

Excel を起動すると新しい 1 枚のワークシートが表示されるので，セルに生徒番号，氏名，国語，数学，英語の得点を入力する（**図 2.2**）。生徒番号のように，通し番号を入力する場合は，オートフィル機能を利用することができる。オートフィル機能を用いて，通し番号を入力するには，つぎの手順で行う。

（1）　A2 のセルに「1」を，A3 のセルに「2」を入力する。

（2）　A2 と A3 のセルを選択し，右下のポインタが黒い十字（フィルハンドル）になる位置に合わせる。

（3）　下に向かってドラッグし，ボタンを離す（ドラッグ&ドロップ操作）と通し番号が入力される。なお，A2 のセルのみを選択してオートフィル機能を利用すると，つぎのセルにも「1」が入力される。

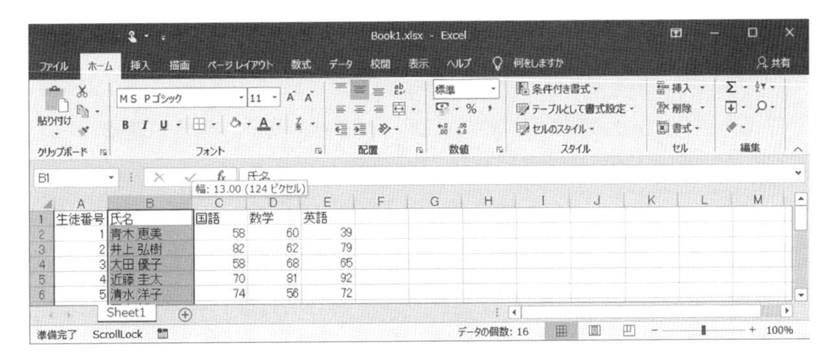

（a）　セルの列幅の変更

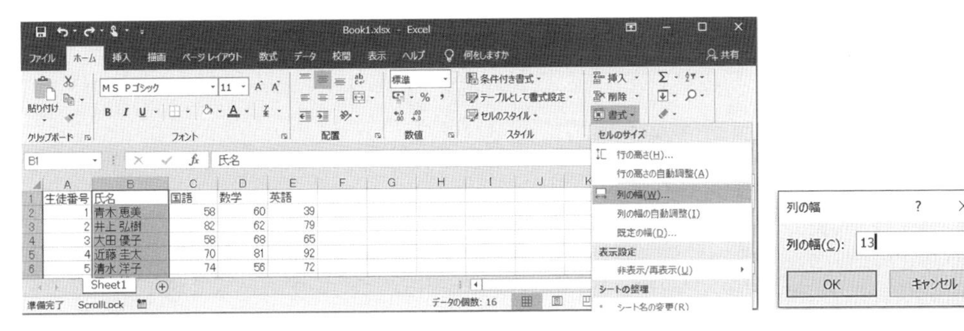

（b）［ホーム］タブ　　（c）［列の幅］ダイアログ

図 2.2　セルの列幅の変更

セル幅を変更したい場合は，図（a）のように，変更したいセルの列番号の右端にカーソルをあて（ポインタの形が双方向矢印に変わる），マウスを右にドラッグすることでセル幅を大きくすることができる。なお，つぎの手順でもセル幅を変更することができる。

（1） 変更したい列番号をクリックする。

（2） 図（b）のように［ホーム］タブの［セル］グループにある［書式］から［列の幅］を選択する。

（3） 図（c）の［列の幅］ダイアログに，現在のセル幅が表示されるので変更したいセル幅の値を指定し，［OK］ボタンをクリックする。

また，変更したいセルの列番号の右端をダブルクリックすれば，自動的に入力文字の最大幅に変更される。

データの入力ができたら，各教科の合計点を求める。生徒番号 1（青木さん）の合計点を求めるには，つぎの手順で行う。

（1） 計算したい合計点欄（F2）をクリックする。

（2） セルに「=」を入力すると，数式バーに「=」が表示される。

（3） 国語の得点欄（C2）をクリックし，「+」を入力する。

（4）　数学の得点欄（D2）をクリックし，「+」を入力する。

（5）　英語の得点欄（E2）をクリックする。

（6）　数式バーと F2 のセルに，「= C2 + D2 + E2」と表示される（**図 2.3**）。

（7）　Enterキーを押すと，数式バーに入力した計算が実行される。

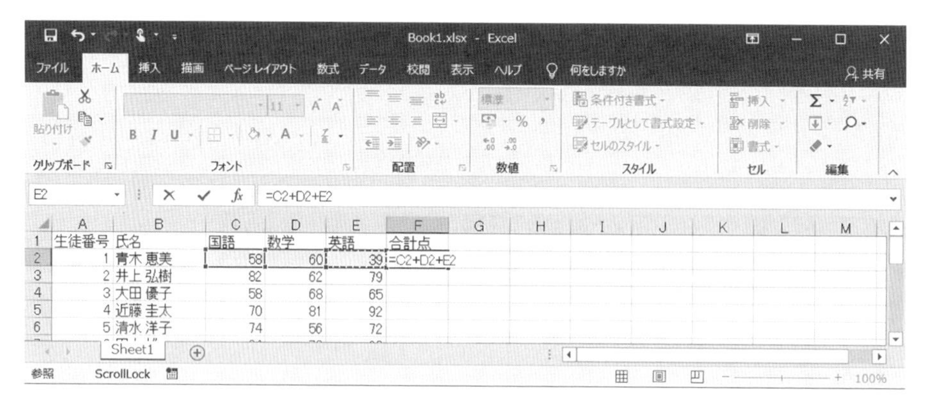

図 2.3　合計点の計算式の入力

生徒番号 1（青木さん）以外の人の合計点（F3 ～ F16）についても，同手順で求めることができる。

また，オートフィル機能を利用して F2 の数式をコピーすることで，自動的に求めることができる。オートフィル機能を利用するには，つぎの手順で行う。

（1）　F2 をアクティブセルにし，ポインタが黒い十字（フィルハンドル）になる位置に合わせる。

（2）　下方向にドラッグし，ボタンを離す。

（3）　計算式がコピーされ，自動的に合計点欄の計算が行われる。

なお，オートフィル機能については，つぎの手順でも求めることができる。

（1）　合計点欄（F2 ～ F16）をドラッグして，範囲指定する。

（2）　**図 2.4** のように，［ホーム］タブの［編集］グループにある［フィル］をクリックし「下方向へコピー」を選択する。

（3）　F2 の数式が，F3 ～ F16 のセルにコピーされ，合計点欄の計算が行われる。

平均点を求めるには，つぎの手順で行う。

（1）　計算したい平均点欄（G2）をクリックする。

（2）　セルに「=」を入力すると，数式バーに「=」が表示される。

（3）　平均点は，合計点÷教科数で求めることができるので，生徒番号 1（青木さん）の合計点欄（F2）をクリックし，続いて「/」と「3」を半角で入力する。

（4）　数式バーと F2 のセルに，「=F2/3」と表示される。

図 2.4　［ホーム］タブからのオートフィル機能

（5）　Enterキーを押すと，数式バーに入力した計算が実行される。

（6）　オートフィル機能を利用して G2 の計算式を G3 ～ G16 にコピーし，すべての人の平均点を求める。

平均点の小数点以下の桁数を 1 桁にする場合は，つぎの手順で行う。

（1）　桁数を変更したい計算結果が入っているセルをドラッグし，範囲を指定する。

（2）　**図 2.5**（a）のように，［ホーム］タブの［セル］グループにある［書式］から［セルの書式設定］を選択する。

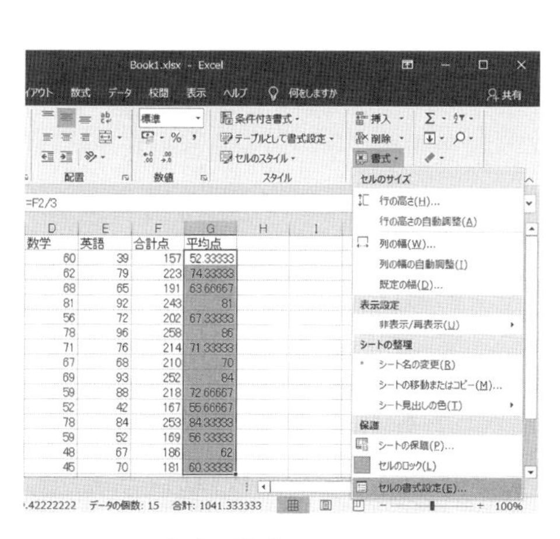

（a）　書式のメニュー

（b）［セルの書式設定］ダイアログ

図 2.5　数値の表示桁数の指定

（3）　図（b）の［セルの書式設定］ダイアログの［表示形式］タブの「分類」から［数値］を選択し，「小数点以下の桁数」を 1 桁に変更し，［OK］ボタンをクリックする。

［ホーム］タブの［数値］グループからも，変更することができる。

すべてのデータが入力できたら，文字の大きさや罫線など，表の体裁を整える。

文字の書式や文字の大きさの変更，罫線の挿入などは，［ホーム］タブから，変更することができる（**図 2.6**）。表の体裁を整えるために，つぎの機能を利用する。

図 2.6　［ホーム］タブ

（1）**センタリング**　文字をセルの中央に揃えたいときは，データ範囲を指定し，［配置］グループにある［中央揃え］ボタン ≡ をクリックすると，自動的に行われる。［セルの書式設定］ダイアログの［配置］タブの［文字の配置］からも設定することができる。

（2）**フォントの大きさ**　文字の大きさを変更するには，フォントを変更したい範囲を選択し，［フォント］グループにある［フォントサイズ］ボタンの右の▼をクリックし，サイズを変更する。［セルの書式設定］ダイアログの［フォント］タブの［サイズ］からも設定することができる。

（3）**ボールド（太字）**　タイトルや項目データなどを太字にしたいときは，データ範囲を選択し，［フォント］グループにある **B** ボタンをクリックすると太字（ボールド）に変わる。［セルの書式設定］のダイアログ［フォント］タブの［スタイル］からも設定することができる。

（4）**罫線の挿入**　表に罫線を挿入する場合，罫線を付けたい範囲を選択し，［フォント］グループにある［罫線］ボタン の右の▼をクリックし，［格子］を選択する。［セルの書式設定］ダイアログの［罫線］タブを選択すると，［線のスタイル］や［線の色］などより細かく設定することができる。

（5）**セルの背景色**　セルの背景に色を付けたいときは，データ範囲を指定し，［フォント］グループにある［塗りつぶしの色］ボタン の右の▼をクリックし，好みの色を選択する。［セルの書式設定］ダイアログの［塗りつぶし］タブの［背景色］からも設定することができる。

2.1.3　関　　数

【例題 2.2】　例題 2.1（表 2.1）の成績表に個人の成績順位，各教科の合計点，平均点，標準偏差を追加せよ。

ここでは，成績順位，各教科の合計点，平均点，標準偏差について関数を用いて計算を行う。各教科の合計点は，SUM 関数を用いて求める。国語の合計点は，つぎの手順で求める。

（1） **図 2.7**（a）で計算をしたい C17 をアクティブセルにする。

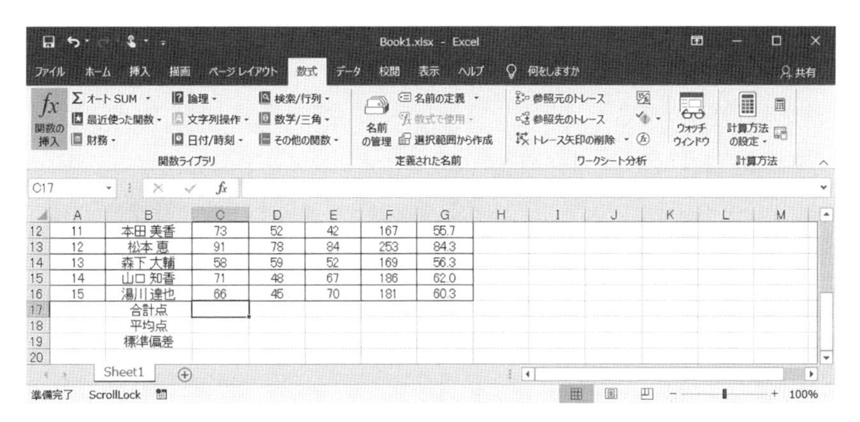

（a）［数式］タブ

（b）［関数の挿入］ダイアログ

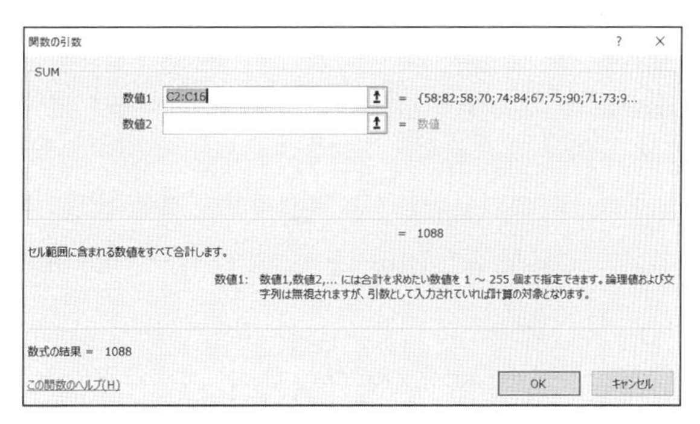

（c）［関数の引数］ダイアログ

図 2.7 SUM 関数

（2） 図（a）のように，［数式］タブの［関数ライブラリ］グループから，［関数の挿入］を選択する。あるいは，数式バーの［*fx*］ボタンをクリックする。

（3） 図（b）の［関数の挿入］ダイアログの「関数名」から［SUM］を選択し，［OK］ボタンをクリックする。

（4） 図（c）の［関数の引数］ダイアログの「数値 1」を，合計したいセル領域（C2：C16）かを確認し，［OK］ボタンをクリックすると合計の計算が行われる。

数学，英語の合計点についても同様の手順で求める。また，オートフィル機能を利用し，国語の合計点（C17）の数式を数学，英語の合計欄（D17，E17）にコピーして求めることもできる。また，合計を求める関数［オート SUM］からも挿入できる。

平均点を求めるには，AVERAGE 関数を用いる。求め方は，SUM 関数を用いた合計の求め方と同手順である。国語の平均点は，つぎの手順で求める。

（1）　アクティブセルを C18 に移動する。

（2）［数式］タブの［関数ライブラリ］グループから，［関数の挿入］を選択する。あるいは，数式バーの［*fx*］ボタンをクリックする。

（3）　図（b）［関数の挿入］ダイアログの「関数名」から［AVERAGE］を選択し，［OK］ボタンをクリックする。

（4）［関数の引数］ダイアログの「数値 1」にカーソルを合わせ，平均したいセル領域（C2:C16）をドラッグし，［OK］ボタンをクリックすると平均の計算が行われる。

数学，英語の平均点についても，同様に求めることができる。また，オートフィル機能を利用し，国語の平均点（C18）の数式を D18 ～ E18 にコピーして求めることもできる。

標準偏差は，STDEV.P 関数を用いる。国語の標準偏差を求めるには，つぎの手順で行う。

（1）　アクティブセルを C19 に移動する。

（2）［数式］タブの［関数ライブラリ］グループから，［関数の挿入］を選択する。あるいは，数式バーの［*fx*］ボタンをクリックする。

（3）　図（b）の［関数の挿入］ダイアログの「関数名」から［STDEV.P］を選択し，［OK］ボタンをクリックする。

（4）［関数の引数］ダイアログの「数値 1」にカーソルを合わせ，標準偏差を求めたいセル領域（C2:C16）をドラッグし，［OK］ボタンをクリックすると標準偏差の計算が行われる。

数学，英語の標準偏差についても，同様に求めることができる。また，オートフィル機能を利用して，国語の標準偏差（C19）の数式を D19～E19 にコピーして求めることもできる。

〈標準偏差と偏差値〉

Excel では，標準偏差の計算において，つぎの関数がよく使われる。

STDEV.S：標本に基づいて予測した標準偏差を返す。

STDEV.P：母集団に基づく，ある母集団の標準偏差を返す。

ここで，STDEV.P 関数では，引数は母集団全体であると見なされる。一方，指定する数値が母集団の標本である場合は，STDEV.S 関数を使って計算する。例題 2.2 の場合，STDEV.P では対象にした生徒の標準偏差を計算するのに対し，STDEV.S では，対象にした生徒と同質な全体の生徒の標準偏差を推測計算することになる。なお，標本数が非常に多い場合，STDEV.S 関数と STDEV.P 関数の戻り値は，ほぼ同じ値となる。

なお，模擬試験などで使われる偏差値は，つぎの計算式で求める。

偏差値 =（得点 − 平均得点）÷ 標準偏差 × 10 + 50

個人の合計点の順位は，RANK.EQ 関数を利用することで求めることができる。RANK.EQ 関数は，参照するセル（数値），参照する範囲，順序を指定する必要がある。

生徒番号 1（青木さん）の合計点の順位は，つぎの手順で求めることができる。

（1） アクティブセルを H2 に移動する。

（2） ［数式］タブの［関数ライブラリ］グループから，［関数の挿入］を選択する。あるいは，数式バーの［*fx*］ボタンをクリックする。

（3） 図 2.7（b）の［関数の挿入］ダイアログの「関数名」から［RANK.EQ］を選択し，［OK］ボタンをクリックする。

（4） **図 2.8**（a）の［関数の引数］ダイアログの「数値」は，順位を付けたい点数のセル（F2）をクリックして指定する。

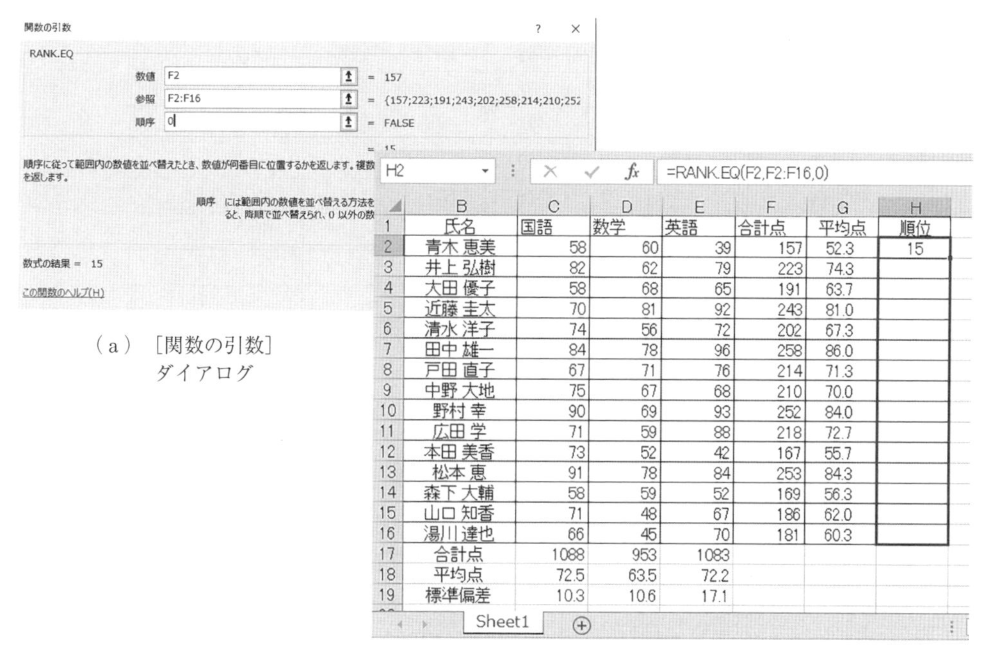

	B	C	D	E	F	G	H
1	氏名	国語	数学	英語	合計点	平均点	順位
2	青木 恵美	58	60	39	157	52.3	15
3	井上 弘樹	82	62	79	223	74.3	
4	大田 優子	58	68	65	191	63.7	
5	近藤 圭太	70	81	92	243	81.0	
6	清水 洋子	74	56	72	202	67.3	
7	田中 雄一	84	78	96	258	86.0	
8	戸田 直子	67	71	76	214	71.3	
9	中野 大地	75	67	68	210	70.0	
10	野村 幸	90	69	93	252	84.0	
11	広田 学	71	59	88	218	72.7	
12	本田 美香	73	52	42	167	55.7	
13	松本 恵	91	78	84	253	84.3	
14	森下 大輔	58	59	52	169	56.3	
15	山口 知香	71	48	67	186	62.0	
16	湯川 達也	66	45	70	181	60.3	
17	合計点	1088	953	1083			
18	平均点	72.5	63.5	72.2			
19	標準偏差	10.3	10.6	17.1			

（a）［関数の引数］ダイアログ

（b） オートフィルを利用した RANK.EQ 関数の挿入

図 2.8 RANK.EQ 関数

（5） ［関数の引数］ダイアログの「参照」には，順位を付けたい全員の得点範囲（F2:F16）を指定する。オートフィル機能を利用して，数式をコピーする場合は，絶対参照で表示させる必要がある。範囲を絶対参照にするには，［F4］キーを押して「$F$2:$F$16」と表示させる。

（6） ［関数の引数］ダイアログの「順序」は，「0」あるいは空欄にし，［OK］ボタンをクリックすると計算が行われる（「0」，空欄の場合は，得点の高い順に順位が付く）。

（7） 図（b）のようにオートフィル機能を使用し，H2 の数式を H3 ～ H16 にコピーする。

表 2.2 に，以上のようにして得られた成績一覧表を示す。

表 2.2　成績一覧表

生徒番号	氏　名	国　語	数　学	英　語	合計点	平均点	順　位
1	青木　恵美	58	60	39	157	52.3	15
2	井上　弘樹	82	62	79	223	74.3	5
3	大田　優子	58	68	65	191	63.7	10
4	近藤　圭太	70	81	92	243	81.0	4
5	清水　洋子	74	56	72	202	67.3	9
6	田中　雄一	84	78	96	258	86.0	1
7	戸田　直子	67	71	76	214	71.3	7
8	中野　大地	75	67	68	210	70.0	8
9	野村　幸	90	69	93	252	84.0	3
10	広田　学	71	59	88	218	72.7	6
11	本田　美香	73	52	42	167	55.7	14
12	松本　恵	91	78	84	253	84.3	2
13	森下　大輔	58	59	52	169	56.3	13
14	山口　知香	71	48	67	186	62.0	11
15	湯川　達也	66	45	70	181	60.3	12
	合計点	1088	953	1083			
	平均点	72.5	63.5	72.2			
	標準偏差	10.3	10.6	17.1			

なお，成績表のような重要なファイルは，パスワードを付けて保存するとよい。パスワードは，ファイルを保存するときに［名前を付けて保存］ダイアログの［ツール］の▼をクリックし，［全般オプション］ダイアログから設定できる。

〈相対参照と絶対参照〉

数式でセルを参照する方式には，相対参照と絶対参照がある。例えば，C1 のセルに「=A1*C1」のような数式を入力したあと，記入された計算式を上から下へコピーした場合，コピーしたセルの数式を見ると，参照セルの番地は，「=A2*C2」「=A3*C3」のように行番号の数値は一つずつ増えていることがわかる。これを相対参照という。これに対して，C1 のセルに「=$A$1*$C$1」のような数式を入力したあと，計算式のコピーを行うと，参照先が固定され「=$A$1*$C$1」のようになっている。このように「$A$1」のように行番号列番号ともに「$」の付いた参照を絶対参照という。なお，「A$1」「A$2」のように行番号または列番号のどちらか一方に「$」の付いた参照を複合参照という。

2.1.4　データの並べ替え

【例題 2.3】 表 2.3 のように，例題 2.2 の成績一覧表を，合計点の順位がよい人から順に並べ替えよ。

表 2.3　成績の並べ替えの結果

生徒番号	氏　名	国　語	数　学	英　語	合計点	順　位
6	田中　雄一	84	78	96	258	1
12	松本　恵	91	78	84	253	2
9	野村　幸	90	69	93	252	3
4	近藤　圭太	70	81	92	243	4
2	井上　弘樹	82	62	79	223	5
10	広田　学	71	59	88	218	6
7	戸田　直子	67	71	76	214	7
8	中野　大地	75	67	68	210	8
5	清水　洋子	74	56	72	202	9
3	大田　優子	58	68	65	191	10
14	山口　知香	71	48	67	186	11
15	湯川　達也	66	45	70	181	12
13	森下　大輔	58	59	52	169	13
11	本田　美香	73	52	42	167	14
1	青木　恵美	58	60	39	157	15

入力データは，表 2.2 の成績一覧表から，平均点欄を削除したものである。列を削除する場合は，つぎの手順で行う。

（1）**図 2.9** のように，削除したい列番号（G 列）をクリックする。

（2）［ホーム］タブの［セル］グループにある［削除］をクリックし，［シートの列を削除］を選択する。

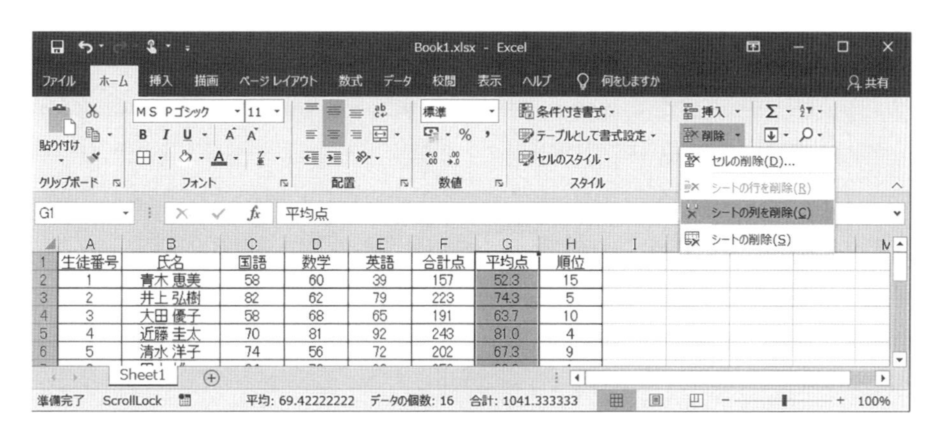

図 2.9　列の削除

列を挿入したい場合は，［ホーム］タブの［セル］グループにある［挿入］をクリックし，［シートの列を挿入］を選択する。行の挿入と削除についても，列の挿入，削除と同手順で行うことができる。

Excelには，データの並べ替え，フィルターによる抽出，データの集計・分析などデータベースに関する機能があるが，ここでは，データの並べ替え方法について説明する。作成した成績表を簡単に並べ替えることができる。順位の並べ替えは，つぎの手順で行う。

（1） 並べ替えを行う範囲をすべてドラッグ，もしくは，表内をクリックする（**図2.10**（a））。

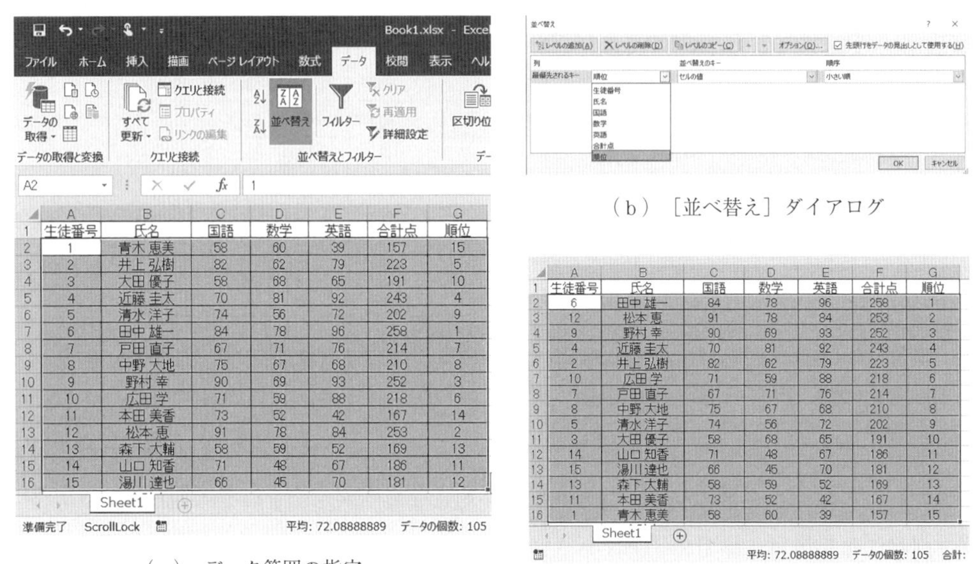

生徒番号	氏名	国語	数学	英語	合計点	順位
1	青木 恵美	58	60	39	157	15
2	井上 弘樹	82	62	79	223	5
3	大田 優子	58	68	65	191	10
4	近藤 圭太	70	81	92	243	4
5	清水 洋子	74	56	72	202	9
6	田中 雄一	84	78	96	258	1
7	戸田 直子	67	71	76	214	7
8	中野 大地	75	67	68	210	8
9	野村 幸	90	69	93	252	3
10	広田 学	71	59	88	218	6
11	本田 美香	73	52	42	167	14
12	松本 恵	91	78	84	253	2
13	森下 大輔	58	59	52	169	13
14	山口 知香	71	48	67	186	11
15	湯川 達也	66	45	70	181	12

（a） データ範囲の指定

（b） ［並べ替え］ダイアログ

生徒番号	氏名	国語	数学	英語	合計点	順位
6	田中 雄一	84	78	96	258	1
12	松本 恵	91	78	84	253	2
9	野村 幸	90	69	93	252	3
4	近藤 圭太	70	81	92	243	4
2	井上 弘樹	82	62	79	223	5
10	広田 学	71	59	88	218	6
7	戸田 直子	67	71	76	214	7
8	中野 大地	75	67	68	210	8
5	清水 洋子	74	56	72	202	9
3	大田 優子	58	68	65	191	10
14	山口 知香	71	48	67	186	11
15	湯川 達也	66	45	70	181	12
13	森下 大輔	58	59	52	169	13
11	本田 美香	73	52	42	167	14
1	青木 恵美	58	60	39	157	15

（c） 並べ替えの結果

図2.10　データの並べ替え

（2） 図（a）のように，［データ］タブの［並べ替えとフィルター］グループから，［並べ替え］を選択する。

（3） 図（b）の［並べ替え］のダイアログで，「優先されるキー」から［順位］を選択し，「順序」を［小さい順］にし，［OK］ボタンをクリックすると並べ替えを行う（図（c））。

また，タイトル行の「順位」（G1）をアクティブセルにし，［並べ替えとフィルター］グループの［昇順］ボタン A↓Z をクリックしても並べ替えることができる。

図（b）のダイアログで，「最優先されるキー」を［生徒番号］として，［小さい順］で並べ替えを行えば，元のデータの順に並び替わる。

2.2 通知表を作ろう

2.2.1 成績表の追加

【例題 2.4】 ワークシート［Sheet1］に**表 2.4** の中間テスト成績表を作成し，別のワークシート［Sheet2］に**表 2.5** の同生徒の期末テスト成績表を作成せよ。

表 2.4 中間テスト成績表

生徒番号	氏　名	国　語	数　学	英　語	理　科	社　会	平均点
1	青木　恵美	58	60	39	53	81	58.2
2	井上　弘樹	82	62	79	61	78	72.4
3	大田　優子	58	68	65	62	66	63.8
4	近藤　圭太	70	81	92	73	75	78.2
5	清水　洋子	74	56	72	58	81	68.2
6	田中　雄一	84	78	96	77	72	81.4
7	戸田　直子	67	71	76	64	62	68.0
8	中野　大地	75	67	68	70	88	73.6
9	野村　幸	90	69	93	75	98	85.0
10	広田　学	71	59	88	67	74	71.8
11	本田　美香	73	52	42	58	73	59.6
12	松本　恵	91	78	84	71	87	82.2
13	森下　大輔	58	59	52	69	79	63.4
14	山口　知香	71	48	67	56	54	59.2
15	湯川　達也	66	45	70	59	72	62.4

表 2.5 期末テスト成績表

生徒番号	氏　名	国　語	数　学	英　語	理　科	社　会	平均点
1	青木　恵美	60	58	64	64	71	63.4
2	井上　弘樹	78	61	73	71	71	70.8
3	大田　優子	56	73	57	72	62	64.0
4	近藤　圭太	63	88	83	80	69	76.6
5	清水　洋子	68	59	68	64	76	67.0
6	田中　雄一	82	81	88	79	67	79.4
7	戸田　直子	64	75	67	74	52	66.4
8	中野　大地	70	69	59	79	75	70.4
9	野村　幸	86	71	86	81	92	83.2
10	広田　学	67	61	82	69	67	69.2
11	本田　美香	66	50	38	62	61	55.4
12	松本　恵	86	81	79	77	75	79.6
13	森下　大輔	53	61	42	79	66	60.2
14	山口　知香	72	48	60	60	46	57.2
15	湯川　達也	64	47	61	70	66	61.6

Excel は，一つのファイル上で複数のワークシートを作成することができ，また，複数のワークシートを同時に集計することもできる。複数のワークシートをまとめた一つのファイルを，ブックという。

ワークシート［Sheet1］に中間テストの成績データを入力していく。平均点については，AVERAGE 関数を用いて求める（2.1.3 項参照）。データが入力できたら，フォントの大きさや，罫線，文字の配置などを設定し，表の体裁を整える。

表が完成したら，ワークシートの 1 行目に新たな行を挿入し，表のタイトル「中間テスト成績表」を入力する。表のタイトル文字を表の中央に揃えるときは，つぎの手順で行う。

（1） A1 に，表のタイトルを入力する。

（2） A1 ～ H1 をドラッグして選択する。

（3） **図 2.11** のように，［ホーム］タブの［配置］グループから［セルを結合して中央揃え］を選択する。

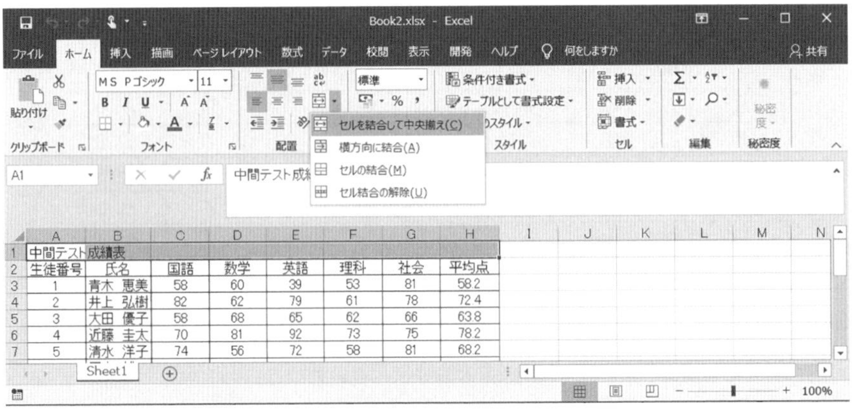

図 2.11　セルの結合

中間テスト成績表が作成できたら，同じ形式で，ワークシート［Sheet2］に期末テスト成績表を作成する。［Sheet2］の作り方は，［Sheet1］の右にある⊕ボタンをクリックする。［Sheet2］の期末テスト成績表を作成するにあたり，［Sheet1］の中間テスト成績表を［Sheet2］にコピーし，編集して作成することもできる。

ワークシートをすべてコピーするには，つぎの手順で行う。

（1） **図 2.12**（a）のように，コピーするワークシートの左上の［全セル選択］ボタン◢をクリックし，すべてのセルを選択する。

（2） 図（a）のように，［ホーム］タブの［クリップボード］グループにある［コピー］ボタンを選択すると，全セルが点線枠で囲まれる。

（3） 貼り付け先のワークシートの A1 を選択する。あるいは，［全セル選択］ボタンを

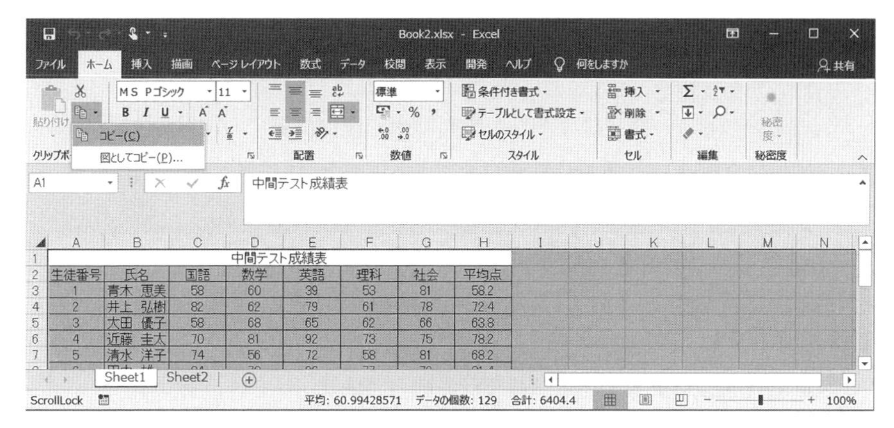

（a）コピー

（b）貼り付け

図 2.12　ワークシートの複写

クリックし，図（b）のように，［ホーム］タブの［クリップボード］グループにある［貼り付け］ボタン をクリックする。

ワークシート［Sheet1］の一部を，［Sheet2］にコピーする場合は，つぎの手順で行う。

（1）コピーしたいデータをドラッグして範囲を指定する。

（2）［ホーム］タブの［クリップボード］グループにある［コピー］ボタン を選択すると，選択セルが点線枠で囲まれる。

（3）貼り付けるセルを指定し，［ホーム］タブの［クリップボード］グループにある［貼り付け］ボタン をクリックする。

ワークシートの名前を，［Sheet1］は「中間テスト」，［Sheet2］は期末テスト成績表を編集した後，「期末テスト」に変更する。ワークシート名を変更するには，つぎの手順で行う。

（1）［ホーム］タブの［セル］グループにある［書式］をクリックし，［シート名の変更］を選択する。

（2）　表示されているワークシート名が白黒反転するので，新しいワークシート名を上書きする。

なお，ワークシート名の部分にカーソルを合わせ，その位置で右クリックし，表示されるメニューの［名前の変更］からでも変更できる。

2.2.2　マルチシートの計算

【例題 2.5】　新たなワークシート［Sheet3］に，表 2.4 の中間テストと表 2.5 の期末テストの点を合計し，平均した 1 学期合計成績表（**表 2.6**）を作成せよ。

表 2.6　1 学期合計成績表

生徒番号	氏　名	国　語	数　学	英　語	理　科	社　会	平均点
1	青木　恵美	118	118	103	117	152	121.6
2	井上　弘樹	160	123	152	132	149	143.2
3	大田　優子	114	141	122	134	128	127.8
4	近藤　圭太	133	169	175	153	144	154.8
5	清水　洋子	142	115	140	122	157	135.2
6	田中　雄一	166	159	184	156	139	160.8
7	戸田　直子	131	146	143	138	114	134.4
8	中野　大地	145	136	127	149	163	144.0
9	野村　幸	176	140	179	156	190	168.2
10	広田　学	138	120	170	136	141	141.0
11	本田　美香	139	102	80	120	134	115.0
12	松本　恵	177	159	163	148	162	161.8
13	森下　大輔	111	120	94	148	145	123.6
14	山口　知香	143	96	127	116	100	116.4
15	湯川　達也	130	92	131	129	138	124.0

1 学期合計成績表についても，例題 2.4 と同様にして表を作成する。表の枠組みは，例題 2.4 と同じ形式であるため，中間テスト成績表をワークシート［Sheet3］にコピーし，編集する。ワークシート［Sheet3］の名前は，「合計」に変更する。

中間テストと期末テストの成績を足した 1 学期合計成績の求め方は，つぎの手順で行う。

（1）　ワークシート［合計］の C3 をアクティブセルにし，数式バーに「＝」を入力する。

（2）　**図 2.13**（a）のように，中間テストのワークシートを選択し，国語の成績（C3）をクリックすると，数式バーに「＝中間テスト !C3」と表示される。

（3）「＋」を入力する。

=中間テスト!C3

	A	B	C	D	E	F	G	H
1			中間テスト成績表					
2	生徒番号	氏名	国語	数学	英語	理科	社会	平均点
3	1	青木 恵美	58	60	39	53	81	58.2
4	2	井上 弘樹	82	62	79	61	78	72.4
5	3	大田 優子	58	68	65	62	66	63.8
6	4	近藤 圭太	70	81	92	73	75	78.2
7	5	清水 洋子	74	56	72	58	81	68.2

（a） 中間テストの成績

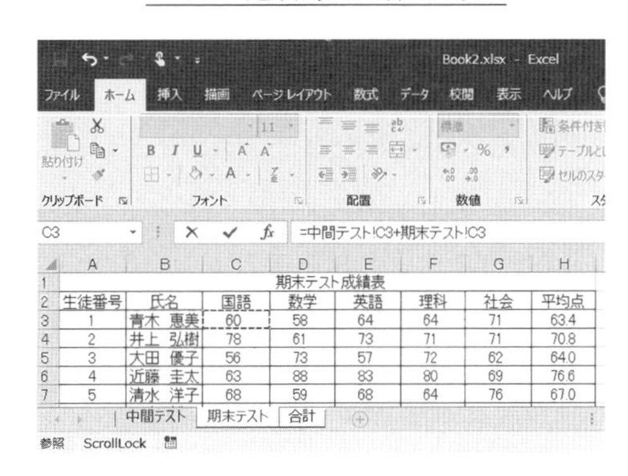

（b） 期末テストの成績

図2.13 複数シートの集計

（4） 図（b）のように，期末テストのワークシートを選択し，国語の成績（C3）をクリックする。

（5） Enterキーを押すと，数式バーに入力した計算が実行される。

数学，英語，理科，社会の成績の合計についても同様の手順で求めることができる。また，オートフィル機能を利用して，国語の成績欄（C3）の数式を，数学，英語，理科，社会の成績欄（D3～G3）にコピーして求めることができる。さらに，**図2.14**のように，生徒番号1（青木さん）の国語，数学，英語，理科，社会の成績欄（C3～G3）の数式を，その他の人の成績欄にコピーすることで全員の成績を求めることができる。1学期合計成績の平均を求めるには，AVERAGE関数を用いる（2.1.3項参照）。

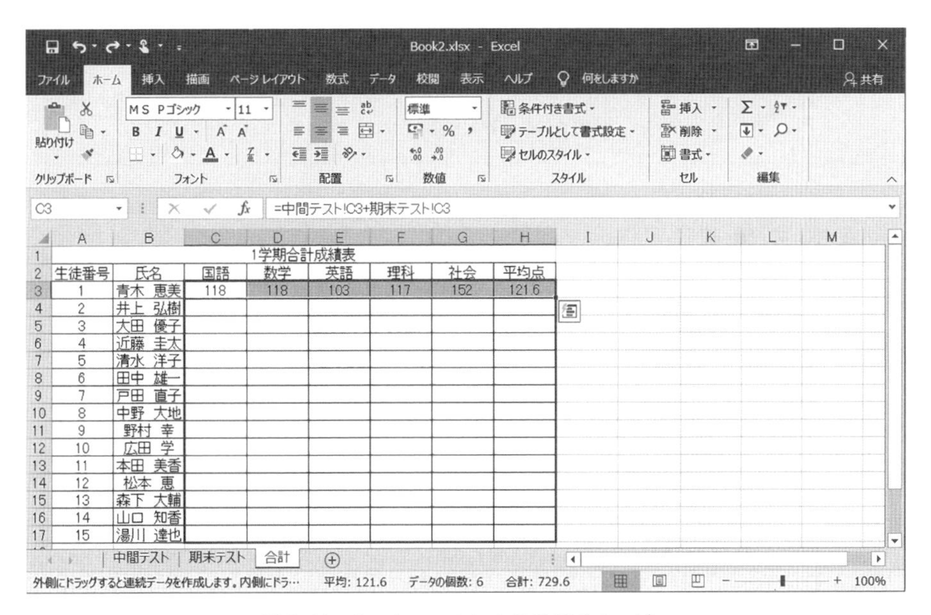

図2.14 オートフィルによる計算式のコピー

2.2.3　個人成績表の作成

【例題 2.6】　新たなワークシートに，**図 2.15** のような個人成績表を作成せよ。

なお，スピンボタン（▲，▼）で生徒番号を選択すると，その生徒番号と一致する個人の中間テストと期末テストの成績を表示し，1 学期の平均点をレーダーチャートに表示する。また，評価は平均点が 80 点以上の場合は“◎”，60 点以上 80 点未満ならば“○”，60 点未満ならば“×”とする。評価が×の箇所には，条件付き書式（濃い赤の文字，明るい赤の背景）を設定する。

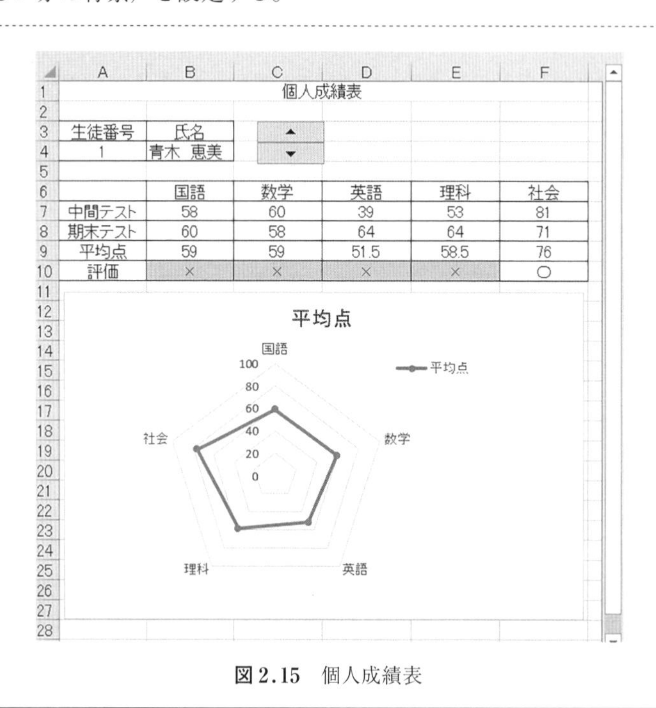

図 2.15　個人成績表

〔1〕　個 人 成 績 表

個人成績表を作成するにあたり，新たなワークシートを挿入する必要がある。ワークシートを挿入するには，［ホーム］タブの［セル］グループにある［挿入］から，［シートの挿入］を選択する。あるいは，シート見出しの右にある ⊕ ボタンをクリックする。

新たなワークシートが挿入されたら，ワークシート名を「個人成績表」に変更する。ワークシートの順序は，ワークシートの見出し部分をクリックしたまま，移動させたい位置でボタンを離すと，変更することができる。

個人成績表は，スピンボタンで生徒番号を選択できるようにする。スピンボタンを表示するために，［開発］タブを表示させるには，つぎの手順で設定する。

（a）［ファイル］タブ　　（b）［Excel のオプション］ダイアログ

図 2.16　［開発］タブのリボン表示

（1）　**図 2.16**（a）のように，［ファイル］タブの［オプション］をクリックする。

（2）　図（b）のように，［Excel のオプション］ダイアログの［リボンのユーザー設定］を選択し，「リボンのユーザー設定」の［開発］にチェック（✓）を入れ，［OK］ボタンをクリックする。

スピンボタンで生徒番号を選択できるようにするには，つぎの手順で行う。

（1）　**図 2.17**（a）のように，［開発］タブをクリックし，［コントロール］グループにある［挿入］ボタンをクリックし，「フォームコントロール」にある［スピンボタン］をクリックする。

（2）　表示させたい位置にカーソルを移動し（ポインタの形が十字に変わる），ドラッグするとスピンボタンが表示される。

（3）　挿入したスピンボタンを右クリックしてから，［開発］タブの［コントロール］グループにある［プロパティ］ボタンをクリックする。

（4）　図（b）のように，［コントロールの書式設定］ダイアログで，［コントロール］タブを選択し，「最小値」を 1，「最大値」を 15 に設定する。

（5）「リンクするセル」には，数値を表示させたいセル（A4）を選択し，［OK］ボタンをクリックする（「リンクするセル」の数式パレットには，$A$4 と表示される）。

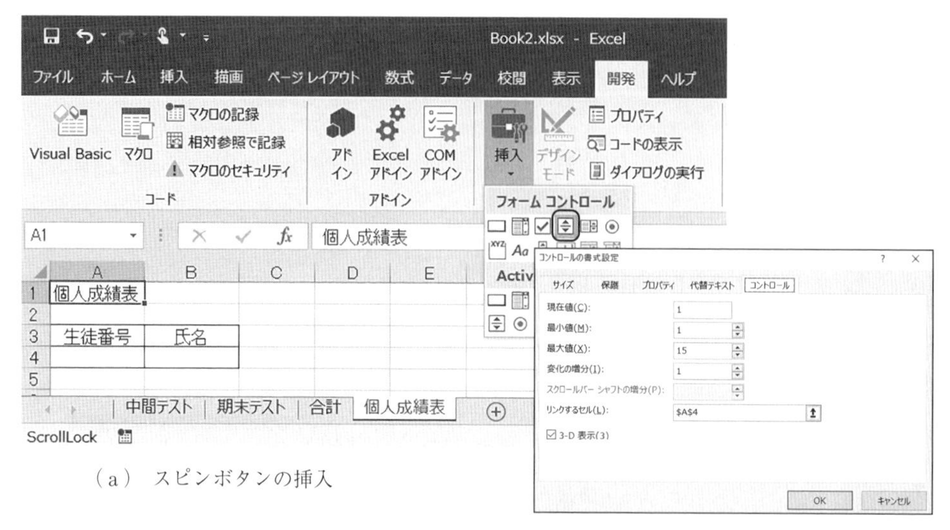

（a）スピンボタンの挿入

（b）［コントロールの書式設定］ダイアログ

図 2.17　スピンボタンの設定

スピンボタンを右クリックし，メニューから［オブジェクトの書式設定］を選択することもできる。

スピンボタンで表示する生徒番号の数値を基にして，ほかのワークシートの氏名，各教科の成績などのデータを読み込むために，VLOOKUP 関数を利用する。ワークシート［合計］にある氏名をワークシート［個人成績表］に読み込むには，つぎの手順で行う。

（1）ワークシート［個人成績表］の B4 をアクティブセルにし，［数式］タブの［関数ライブラリ］グループにある［関数の挿入］ボタンをクリックする。あるいは，数式バーの［*fx*］ボタンをクリックする。

（2）**図 2.18**（a）の［関数の挿入］ダイアログの「関数名」から［VLOOKUP］を選択し，［OK］ボタンをクリックする。

（3）図（b）の［関数の引数］ダイアログの「検索値」に，参照する生徒番号（A4）をクリックする。

（4）「範囲」には，ワークシート［合計］のすべてのデータ範囲（A3：H17）を指定する。

（5）「列番号」には，表示させたいデータが，選択した範囲の左から何列目にあたるかを指定する。名前の列は，左から 2 列目にあたるので「2」を入力する。

（6）「検索方法」には，検索値の完全一致を示す「FALSE」を入力する。

（7）数式バーに「=VLOOKUP（A4, 合計！A3:H17,2,FALSE)」と表示される。

（8）［OK］ボタンをクリックすると，計算が実行される。

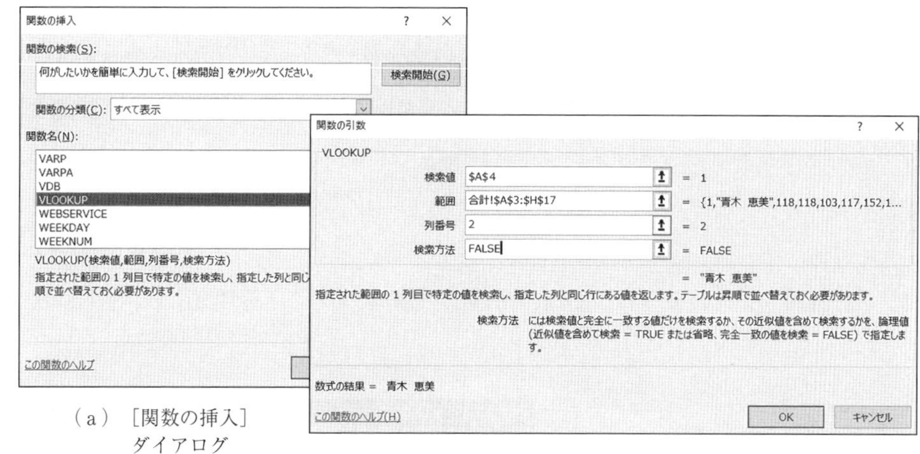

（a）［関数の挿入］ダイアログ

（b）［関数の引数］ダイアログ

図 2.18　VLOOKUP 関数

中間テストの国語（B7）は，「=VLOOKUP（$A$4, 中間テスト !$A$3:$H$17,3,FALSE)」となる。期末テストの国語（B8）は，「=VLOOKUP（$A$4, 期末テスト !$A$3:$H$17,3,FALSE)」となる。下へコピーして，ファイル名を期末テストに変更する。また，同手順で数学，英語，理科，社会の成績についても求めることができる。右へコピーして，列番号を 4，5，6，7 に変更する。なお，図（b）では，ほかのセルに式をコピーした際に元セルへの指定がずれないようにするため，絶対参照を用いている。

また，1 学期の平均点は，AVERAGE 関数を利用して求める（2.1.3 項参照）。個人成績表は，**図 2.19** のようになる。

	A	B	C	D	E	F
1	個人成績表					
2						
3	生徒番号	氏名				
4	1	青木 恵美				
5						
6		国語	数学	英語	理科	社会
7	中間テスト	58	60	39	53	81
8	期末テスト	60	58	64	64	71
9	平均点	59	59	51.5	58.5	76
10						

中間テスト | 期末テスト | 合計 | 個人成績表

図 2.19　個人成績表

〔2〕 成績評価欄

成績評価のように，条件を分岐させる場合は，IF 関数を用いる。IF 関数の数式は，「=IF（論理式：条件，真の場合：条件を満たす場合，偽の場合：条件を満たさない場合)」の形式で利用できる。例えば，国語の平均点が，60 点以上には“○”，60 点未満には“×”と評価する場合，数式は，「=IF(B9>=60,″○″,″×″)」になる。

三つの条件（中間テストと期末テストの平均点が 80 点以上の場合は“◎”，60 点以上 80

点未満ならば“○”，60 点未満ならば“×”）を設定する場合は，つぎの手順で行う。

（1） 計算をしたいセル（B10）をアクティブセルにし，［数式］タブの［関数ライブラリ］グループにある［関数の挿入］ボタンをクリックする。あるいは，数式バーの［fx］ボタンをクリックする。

（2） ［関数の挿入］ダイアログの［関数名］から［IF］を選択し，［OK］ボタンをクリックする。

（3） **図 2.20**（a）のように，［関数の引数］ダイアログの「論理式」に，「B9>=80」を入力する。

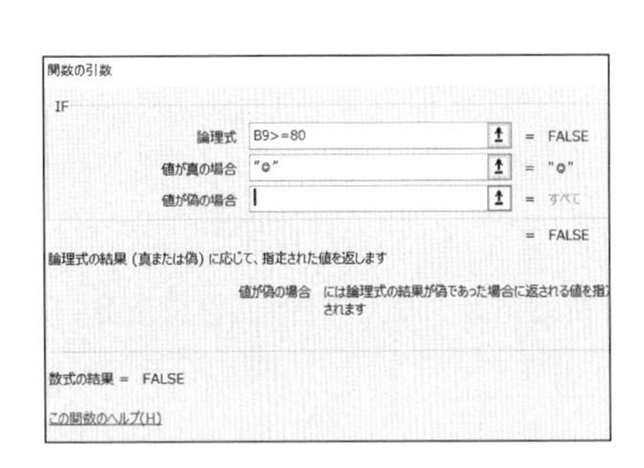

（a）［関数の引数］ダイアログ 1

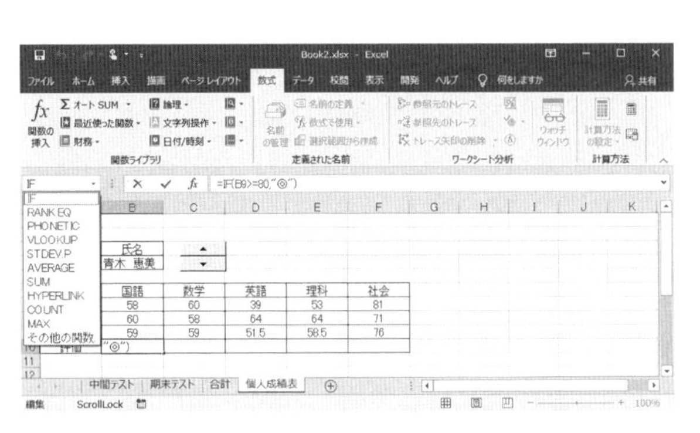

（b） IF 関数の挿入

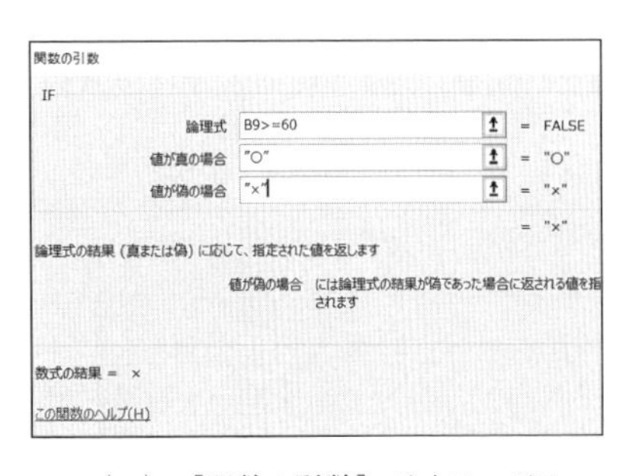

（c）［関数の引数］ダイアログ 2

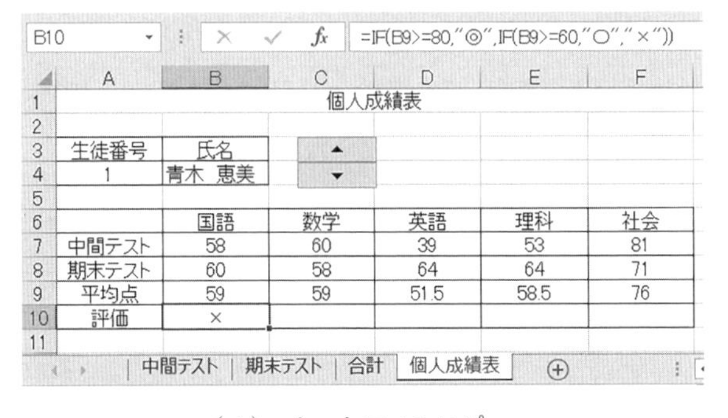

B10　=IF(B9>=80,"◎",IF(B9>=60,"○","×"))

	A	B	C	D	E	F
1			個人成績表			
2						
3	生徒番号	氏名				
4	1	青木　恵美				
5						
6		国語	数学	英語	理科	社会
7	中間テスト	58	60	39	53	81
8	期末テスト	60	58	64	64	71
9	平均点	59	59	51.5	58.5	76
10	評価	×				
11						

中間テスト ｜ 期末テスト ｜ 合計 ｜ 個人成績表

（d） オートフィルコピー

図 2.20　IF 関数

（4） 「真の場合」欄に，″◎″ を入力する（文字列の場合は，″　″ が自動で入力される）。

（5） 「偽の場合」欄には，条件が二つあるので，「偽の場合」欄をクリックしてから，図（b）のように，数式バーの隣にある名前ボックスに表示されている［IF］をクリックする。

（6） 新たな［関数の引数］ダイアログが表示されるので，図（c）のように，「論理式」に，条件「B9>=60」を，「真の場合」に ″○″ を，「偽の場合」に ″×″ を入力する。

（7） 数式バーに「=IF（B9>=80,″◎″,IF（B9>=60,″○″,″×″））」と表示される（図（d））。

（8） ［OK］ボタンをクリックすると，計算が実行される。

なお，Excel 2019 では，IFS 関数を用いて，（7）は

IFS（B9>=80,″◎″,B9>=60,″○″,B9<=59,″×″）

と書くことができる。

数学，英語，理科，社会の評価についても同様の手順で求めることができる。図（d）のように，オートフィル機能を利用して，国語の評価（B10）の数式を，数学，英語，理科，社会の評価欄（C10 ～ F10）にコピーして求めることができる。

評価が設定できれば，×の箇所に条件付き書式を設定する（ここでは，濃い赤の文字，明るい赤の背景を設定）。条件付き書式の設定は，つぎの手順で行う。

（1）　条件付き書式を設定したいセル領域（B10:F10）を選択する。

（2）　**図 2.21**（a）のように，［ホーム］タブの［スタイル］グループにある［条件付き書式］から，［セルの強調表示ルール］－［文字列］を選択する。

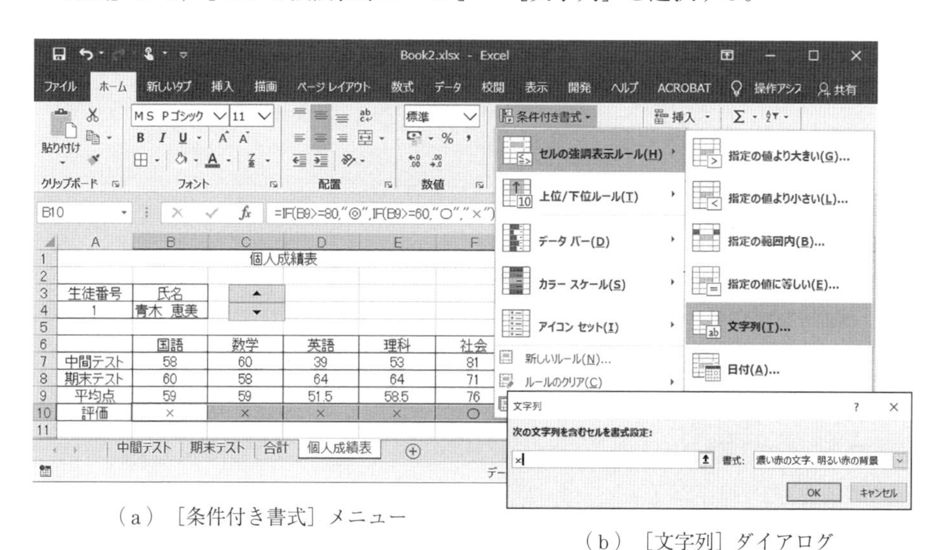

（a）［条件付き書式］メニュー

（b）［文字列］ダイアログ

図 2.21　条件付き書式の設定

（3）　図（b）のように，［文字列］ダイアログに，評価が×の場合の書式を設定する。

条件付き書式の設定を削除にする場合は，削除したいセルを選択し，［ホーム］タブの［スタイル］グループにある［条件付き書式］から，［ルールのクリア］－［選択したセルからルールをクリア］を選択する。

2.2.4　グラフの作成

Excel では，表から簡単にグラフを作成することができ，作成したグラフは，表のデータを更新と同時に，自動的に修正される。例題 2.6 の個人成績表（図 2.15）に示したような各教科の成績レーダーチャートを追加する。方法は，つぎの手順で行う。

（1） **図 2.22** のように，個人別成績表の中で，グラフを作成したい領域（ここでは，A6:F6 と A9:F9）を指定する。離れた領域を指定する場合は，A6:F6 をドラッグしたあと，Ctrl キーを押しながら，A9:F9 をドラッグする。

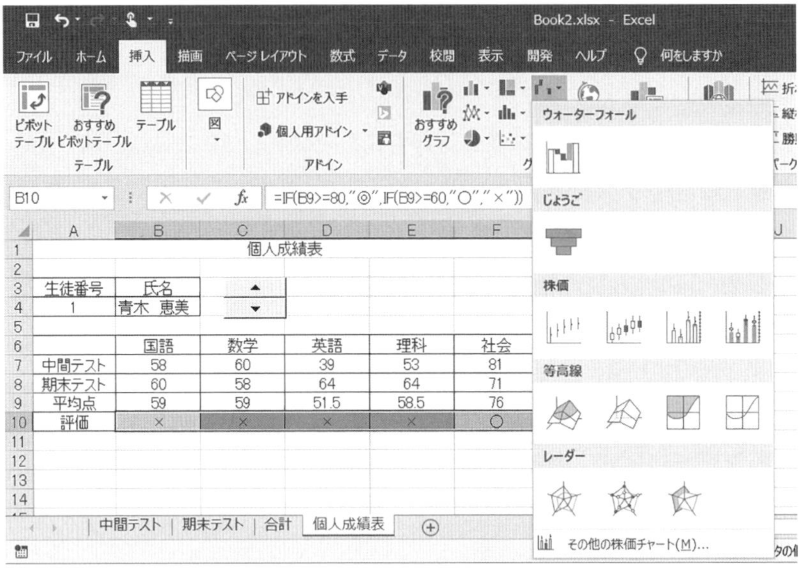

図 2.22　レーダーチャートの作成

（2）［挿入］タブの［グラフ］グループから，［マーカー付きレーダー］を選択する。

グラフのデータ系列の書式を変更は，［デザイン］タブ，［書式］タブから設定を行うことができる。

（1） **フォントの種類や大きさ**　フォントの種類や文字の大きさを変更するには，変更したい箇所を選択し，［ホーム］タブの［フォント］グループから変更できる。

（2） **グラフタイトル，凡例，データラベル**　グラフタイトルや，凡例，データラベルの挿入・削除は，［デザイン］タブの［グラフのレイアウト］グループの「グラフ要素を追加」から変更できる。

（3） **線やマーカーの太さ，色**　データ系列の線の太さや色を変更するには，変更したいデータ系列を選択し，［書式］タブにある［図形のスタイル］グループから変更できる。線のスタイル，マーカーの種類や，大きさなどの詳細設定は，［図形の書式設定］の各作業ウィンドウから変更できる。［図形の書式設定］の各作業ウィンドウを起動させるには，書式を変更したいデータ系列を選択し，［書式］タブの［図形のスタイル］グループ右下にある四角形のボタンをクリックする。あるいは，データ系列を選択した位置で右クリックをし，メニューから［図形の書式設定］を選択する。

グラフの数値軸における目盛の最大値や間隔などを変更したい場合は，つぎの手順で行う。

（1） **図2.23**（a）のように，グラフの数値軸を選択し，［デザイン］タブから［グラフ要素を追加］をクリックし，［軸］から，［その他の縦軸オプション］を選択する。

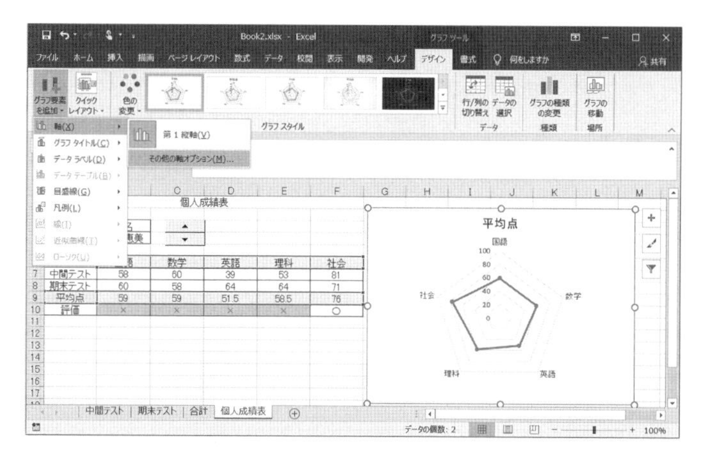

（a）［デザイン］タブ

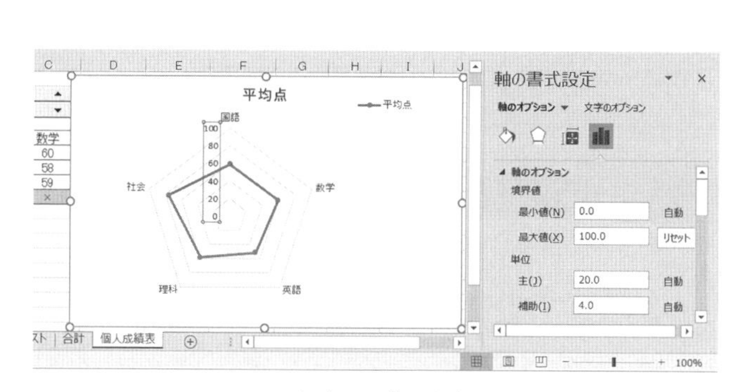

（b） 目盛の設定

（c） 表示形式の設定

図2.23［軸の書式設定］作業ウィンドウ

（2） グラフの目盛軸を固定したい場合は，図（b）ように，［軸の書式設定］作業ウィンドウにある［軸のオプション］をグラフに適した目盛（ここでは，「最小値」を0,「最大値」を100,「目盛間隔」を20）に設定する。

（3） 目盛ラベルの桁数は，図（c）のように［軸の書式設定］作業ウィンドウの「表示形式」から設定することができる。

（4）［グラフ要素を追加］から図（b）のグラフ右上に示すような凡例を作成する。

［軸の書式設定］作業ウィンドウは，グラフの数値軸をダブルクリックすることでも表示させることができる。グラフの大きさは，グラフエリアを選択し，四隅のポインタの形が双方向矢印に変わる場所で，矢印をドラッグすることで変更することができる。グラフを削除したい場合は，グラフエリアを選択し，Delキーを押す。

〈マクロプログラム〉

例題2.6で作成した個人成績表は，生徒番号が変わるとレーダーチャートも変更されるので，非常に便利であるが，印刷する場合は，1枚ずつ印刷しなければならない。もし，連続印刷する場合は，Excelのマクロプログラム（Visual Basic for Applications，略してVBA）を作成することで簡単にできる。15人分の生徒の個人成績表を一度に印刷するマクロプログラムは，つぎのとおりである。

プログラム	Sub 印刷（）　1) 　For i = 1 To 15　2) 　　Cells（4, 1）.Value = i　3) 　　Sheets（" 個人成績表 "）.PrintOut　4) 　Next i　2) End Sub　1)	1)～4）の数字は，下欄の説明のための番号であり，入力不要である。
解説	1)　マクロでは，SubとEnd Subの間にプログラムを記述する。 2)　For文からNext文までの囲まれた命令を繰り返す。この場合は1から15までを繰り返す。 3)　セルにデータを代入するとき，Cells（　）.Valueを使用する。この場合は，4行目1列目，つまりセルA4にiの値（1から15まで）を代入する。 4)　ワークシート（個人成績表）を印刷する。	

注）印刷前に，「PrintOut」を「PrintPreview」にして，印刷画面を確かめるとよい。

なお，プログラムの作成ならびに実行は，つぎの手順で行う。

（1）［開発］タブの［コード］グループにある［マクロ］を選択する。

（2）［マクロ］ダイアログが表示されるので，［マクロ名］に「印刷」と入力し，［作成］ボタンをクリックする。

（3）Visual Basic Editorが立ち上がるので，上記のプログラムを入力する。

（4）Excelの画面に戻し，再び［開発］タブの［コード］グループにある［マクロ］を選択する。

（5）［マクロ］ダイアログの［マクロ名］から［印刷］を選択し，［実行］ボタンをクリックする。

もし，マクロでエラーが発生したときには，マクロエラーのダイアログが表示され，プログラムの関連場所が黄色塗りで表示されるので，その箇所を修正すればよい。修正後は，リセットボタンを押してからプログラムを再度実行する。

なお，マクロを実行するには，［開発］タブの［コード］グループにある［マクロのセキュリティ］を選択し，［セキュリティセンター］ダイアログの［マクロ設定］を選択し，［警告を表示してすべてのマクロを無効にする］を選択しておく。マクロを含むファイルを開くと，リボンの下にセキュリティの警告が表示されるので［コンテンツの有効化］をクリックする。一度有効化しておくと，2回目以降は表示されない。

また，マクロを含むファイルを保存するときはファイルの種類をExcelブック（*.xlsx）ではなく，Excelマクロ有効ブック（*.xlsm）にしておく。

2.3　クラス名簿を作ろう

2.3.1　名簿の作成

【例題 2.7】 **表 2.7** のクラス名簿を作成せよ。さらに，作成したクラス名簿に，**表 2.8** の条件に従って決定された，個人面談の面談日と面談開始時間を追加せよ。ワークシート名は，クラス名簿とする。なお，各生徒 1 人につき 30 分間の個人面談を，表 2.8 の日程で行う。

表 2.7　クラス名簿

生徒番号	氏　名	フリガナ	性別	郵便番号	住　所
1	青木　恵美	アオキ　エミ	女	OOO-XXXX	中央区東町 5 丁目
2	井上　弘樹	イノウエ　ヒロキ	男	OOO-XXXX	中央区西町 1 丁目
3	大田　優子	オオタ　ユウコ	女	OOO-XXXX	中央区南町 4 丁目
4	近藤　圭太	コンドウ　ケイタ	男	OOO-XXXX	中央区北町 1 丁目
5	清水　洋子	シミズ　ヨウコ	女	OOO-XXXX	中央区東町 2 丁目
6	田中　雄一	タナカ　ユウイチ	男	OOO-XXXX	中央区東町 4 丁目
7	戸田　直子	トダ　ナオコ	女	OOO-XXXX	中央区南町 1 丁目
8	中野　大地	ナカノ　ダイチ	男	OOO-XXXX	中央区北町 3 丁目
9	野村　幸	ノムラ　サチ	女	OOO-XXXX	中央区西町 3 丁目
10	広田　学	ヒロタ　マナブ	男	OOO-XXXX	中央区南町 2 丁目
11	本田　美香	ホンダ　ミカ	女	OOO-XXXX	中央区東町 3 丁目
12	松本　恵	マツモト　メグミ	女	OOO-XXXX	中央区西町 2 丁目
13	森下　大輔	モリシタ　ダイスケ	男	OOO-XXXX	中央区東町 1 丁目
14	山口　知香	ヤマグチ　チカ	女	OOO-XXXX	中央区北町 2 丁目
15	湯川　達也	ユカワ　タツヤ	男	OOO-XXXX	中央区南町 3 丁目

注）なお，住所などの個人情報の取り扱いには細心の注意を払うこと（付録 2 参照）

表 2.8　個人面談の日程

面談日	面談開始時間	対　象
7 月 25 日	2 時 00 分	中央区西町の生徒（生徒番号順）
7 月 26 日	2 時 00 分	中央区東町の生徒（生徒番号順）
7 月 27 日	2 時 00 分	中央区北町の生徒（生徒番号順）
7 月 28 日	2 時 00 分	中央区南町の生徒（生徒番号順）

Excel には，データの集計，グラフ作成のほかに，データの並べ替え，データの検索，オートフィルターによるデータの抽出などデータベース機能がある。まず，ワークシート［クラス名簿］にデータを入力し，表（リスト）を作成する。

データをテーブルとして管理すれば，書式設定やフィルターも，一度に簡単に設定することができる。テーブル機能を利用するには，リストのフィールドを選択する。つぎに，［挿入］タブの［テーブル］グループにある［テーブル］を選択し，［テーブルの作成］ダイアログで変換するデータ範囲を指定すると，テーブルが作成される（**図 2.24**）。

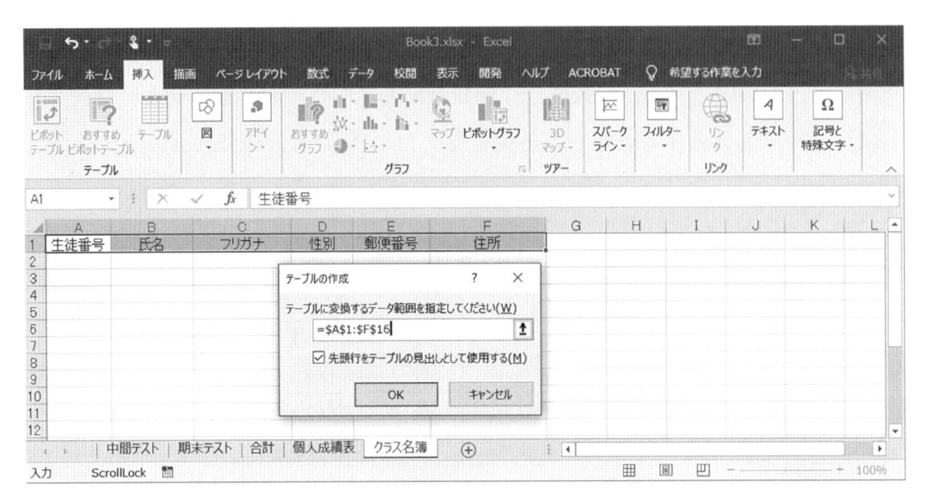

図 2.24　テーブルの作成

つぎに，C 列に表記させるフリガナは，ふりがなの文字列を取り出すことができる PHONETIC 関数を用いることで自動的に入力する。フリガナ入力は，つぎの手順で行うことができる。ただし，1 行目にフィールド名は入れておく。

（1） フリガナ入力を行いたい C2 をアクティブセルにする。

（2） ［数式］タブの［関数ライブラリ］から，［関数の挿入］を選択する。あるいは，数式バーの［*fx*］ボタンをクリックする。

（3） **図 2.25**（a）の［関数の挿入］ダイアログから「関数名」で［PHONETIC］を選択し，［OK］ボタンをクリックする。

（4） 図（b）の［関数の引数］ダイアログの「参照」に，氏名（B2）を指定し，［OK］ボタンをクリックするとフリガナが入力される。

オートフィル機能を利用して，ふりがなの数式（C2）をほかの人の欄（C3～C16）にコピーしておく。

データベースでは，表の先頭行の項目データをフィールド，つぎの行からのデータ部分をレコードと呼ぶ。リストを作成するにあたり，データ量が多くなると表全体が見にくくなる。フォームを利用することで，データをレコード（行）ごとに表示させることができる。また，フォームから，データの新規入力，修正，削除，検索を実行することができる。

フォームは，リボンに表示されていない場合は，リボンに追加することができる。ここで

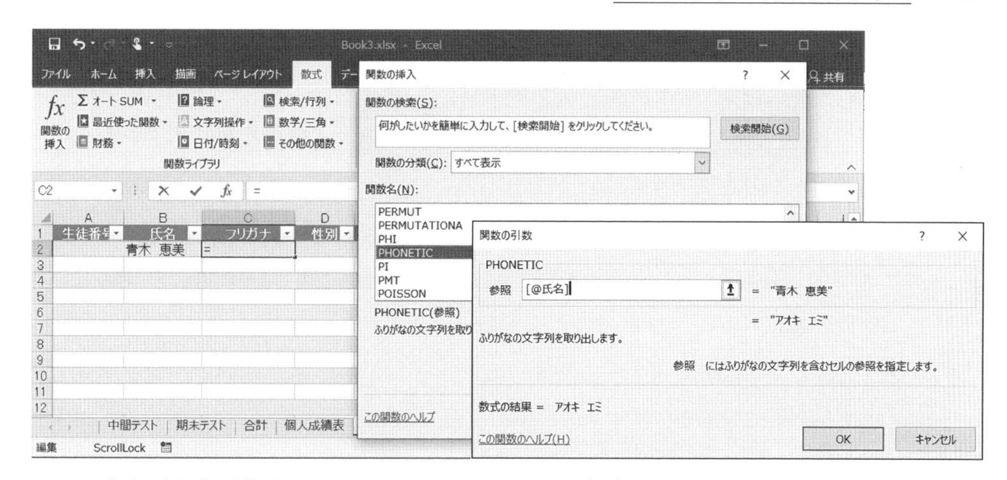

（a）［関数の挿入］ダイアログ　　　（b）［関数の引数］ダイアログ

図 2.25　PHONETIC 関数の挿入

は，［新しいタブ］を追加し，［新しいグループ］として，［フォーム］ボタンを追加する。フォームボタンの設定はつぎの手順で行う。

（1）　図 2.16（a）のように［ファイル］タブをクリックし，［オプション］を選択する。

（2）　［リボンのユーザー設定］を選択し，「コマンドの選択」から［リボンにないコマンド］を選択し，［フォーム］をクリックする（**図 2.26**）。

図 2.26　リボンのユーザー設定

（3） 「リボンのユーザー設定」の下部にある［新しいタブ］ボタンをクリックする。

（4） 中央にある［追加］ボタンをクリックすると，［新しいタブ］の［新しいグループ］に，図2.26のように，フォームボタンが追加される。［名前の変更］ボタンから，タブ名，グループ名を変更することができる。

フォームから，新規データを追加するには，つぎの手順で行う。

（1） リスト内の任意のセル（ここでは，A2）を選択し，［新しいタブ］の［新しいグループ］に表示された［フォーム］をクリックする。

（2） **図2.27**に示すような［クラス名簿］のフォームが表示されるので，データ入力後 Enter キーを入力する。

図2.27　フォームからのデータ入力

（3） つぎのフォームに新しいレコードを入力すると，ワークシートに反映されるので，15名まで繰り返す。

クラス名簿が完成したら，ワークシート［クラス名簿］のG列に面談日，H列に面談開始時間を追加する。ここでは，テーブル機能を利用して表（リスト）を作成しているので，列を追加すると，同時にオートフィルターも追加される。オートフィルターは，抽出条件に一致したデータの行（レコード）だけを表示させることができる機能で，抽出条件を複数設定することができる。オートフィルターを利用し，面談日と面談時間を決定する。

オートフィルターを使って，中央区西町に住む生徒を抽出するには，つぎの手順で行う。

（1） 項目データの住所にある ▼ をクリックし，**図2.28**（a）のリストボックスから，［テキストフィルター］－［指定の値を含む］を選択する。

（2） 図（b）の「オートフィルターオプション」ダイアログで，「住所」に「西町」と入力し，抽出条件を［を含む］にすると，中央区西町に住む生徒のデータが表示される。

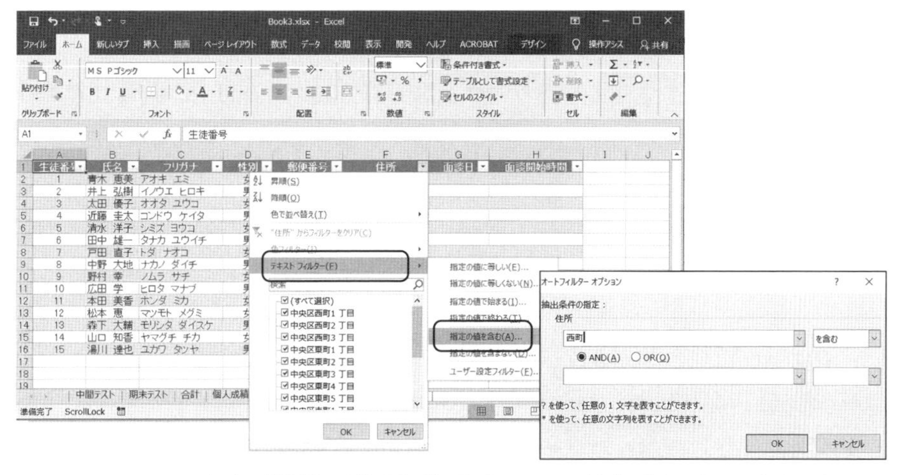

（a）［住所］のリストボックス　（b）［オートフィルターオプション］ダイアログ

図 2.28　オートフィルターによる抽出

抽出された項目（ここでは，住所）のオートフィルターは，マークが変わる。データを元に戻すには，オートフィルターのリストボックスから「(すべて選択)」にチェック（✓）を入れる。複数の項目で絞り込んだ場合は，それぞれのリストボックスで「(すべて選択)」にチェックを入れる必要がある。オートフィルターを解除するには，リスト内の任意のセルをクリックし，［データ］タブの［フィルター］を再度クリックし，チェックを外す。

Excel では，日付や時刻については，加算や減算などの計算を行うことができるように数値としてみなされる。そのため，セルに「7 月 25 日」と入力しても，数式バーでは「2015/7/25」と表示され，Word に差し込み印刷をすると，「2015/7/25」と読み込まれる。日付を文字列として認識させるには，先頭に「'」を付け「'7 月 25 日」と入力する。時刻についても同様にして入力する（**図 2.29**）。

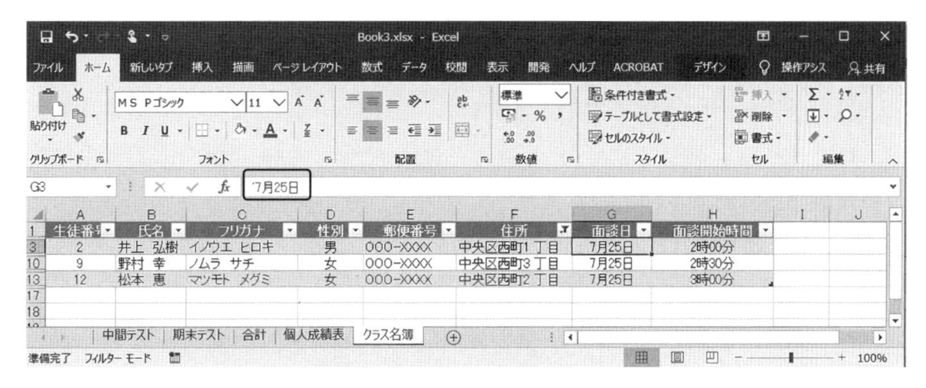

図 2.29　日付と時刻の文字入力

2.3.2 差し込み印刷

【例題 2.8】 例題 2.7 で作成したクラス名簿から，氏名，面談日，面接開始時間のデータを Word に差し込み，**図 2.30** のような個人面談のお知らせを作成せよ。

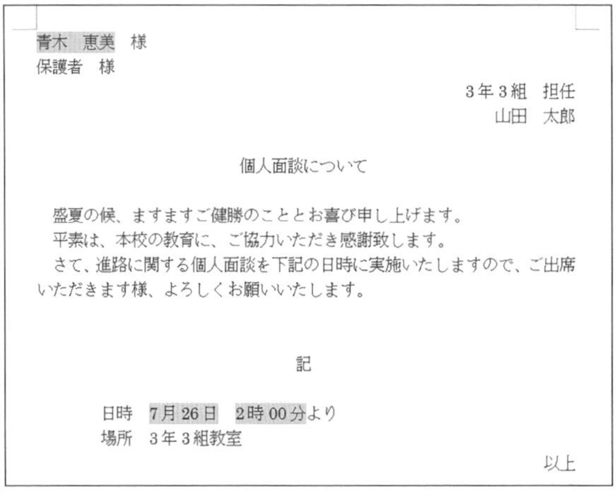

青木　恵美　様
保護者　様

3年3組　担任
山田　太郎

個人面談について

盛夏の候、ますますご健勝のこととお喜び申し上げます。
平素は、本校の教育に、ご協力いただき感謝致します。
さて、進路に関する個人面談を下記の日時に実施いたしますので、ご出席いただきます様、よろしくお願いいたします。

記

日時　7月26日　2時00分より
場所　3年3組教室

以上

図 2.30　個人面談のお知らせ

Word を起動し，データを差し込み，個人面談のお知らせを作成する。まずはじめに，作成する個人面談のお知らせに合わせて，ページ設定（ここでは，用紙サイズを B5，余白は上下左右とも 20 mm）を行い，差し込むデータ以外の文章を作成する。

差し込み印刷は，**図 2.31** の［差し込み文書］タブから設定することができる。

Excel で作成したクラス名簿を差し込むには，つぎの手順で行う。

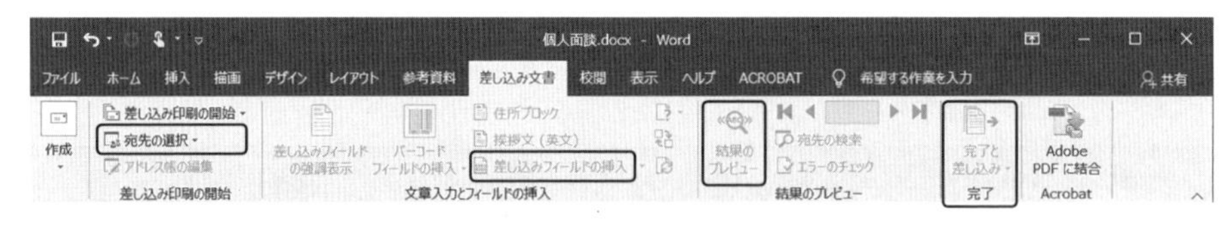

図 2.31　［差し込み文書］タブ

（1）**図 2.32**（a）のように，［差し込み印刷の開始］グループから，［宛先の選択］－［既存のリストを使用］を選択し，図（b）の［データファイルの選択］ダイアログから，差し込むデータファイル（ここでは，例題 2.7 で作成したファイル）を指定し，［開く］ボタンをクリックする。

（2）図（c）のように，データ入力したワークシート（ここでは，［クラス名簿］）を指定し，［OK］ボタンをクリックする。

（3）データを差し込みたい位置にカーソルを合わせ，図（d）のように，［文書入力と

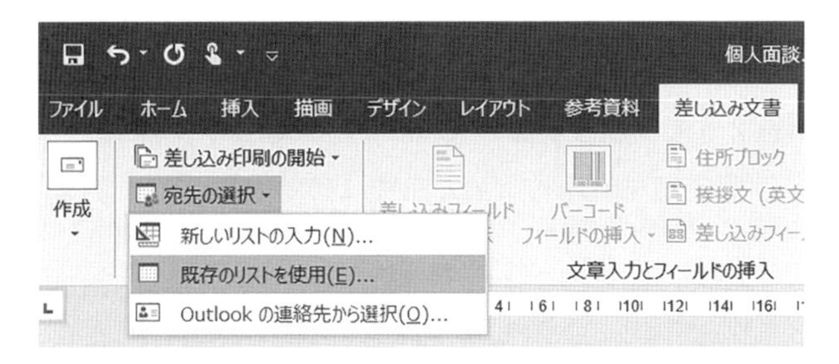

（a）宛先の選択

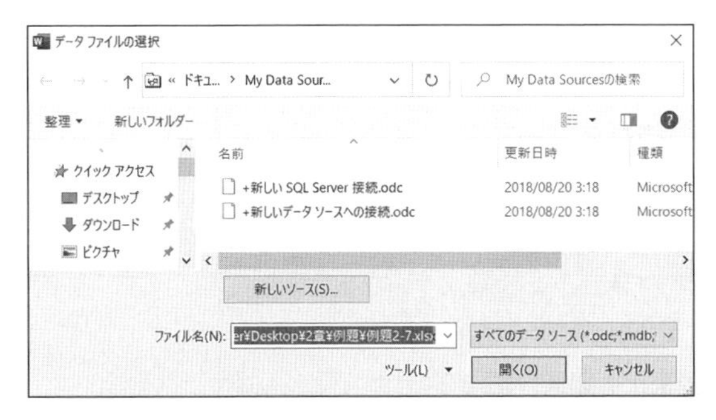

（b）［データファイルの選択］ダイアログ

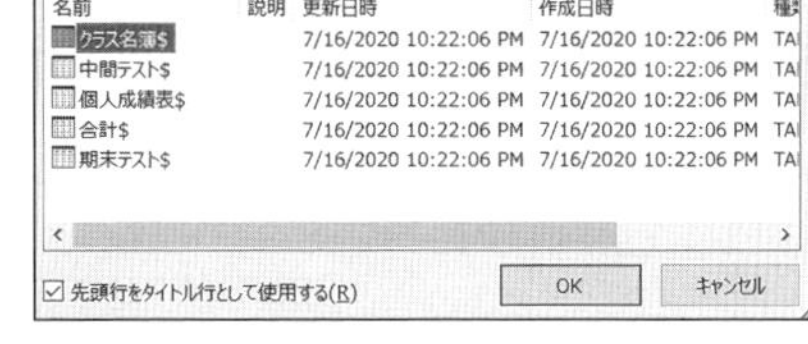

（c）［テーブルの選択］ダイアログ

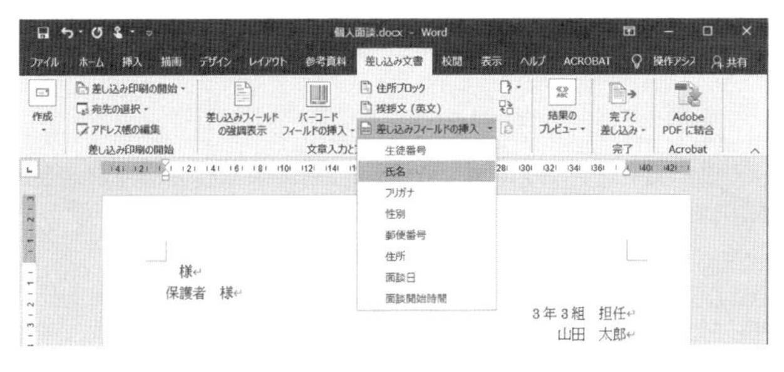

（d）［差し込みフィールドの挿入］ボタン

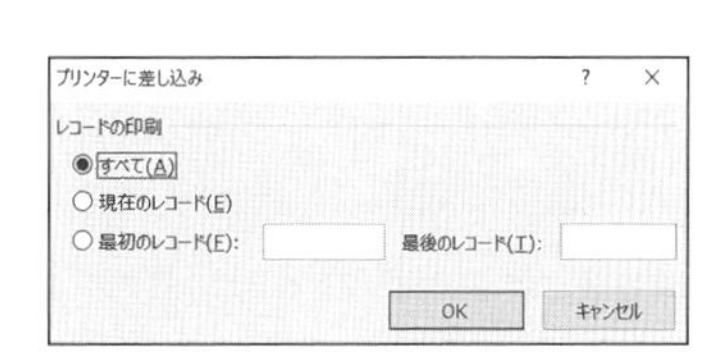

（e）［プリンターに差し込み］ダイアログ

図 2.32　差し込み印刷

フィールドの挿入］グループにある［差し込みフィールドの挿入］をクリックし，該当するフィールド名（ここでは，［氏名］）を選択し，［挿入］ボタンをクリックすると，図 2.30 における網掛け部分の氏名の箇所に « 氏名 » と表示される。面談日，面談開始時間についても同様の手順で行う。

（4）　図 2.31 の［差し込み文書］タブにある［結果のプレビュー］ボタンをクリックすると，（3）の « 氏名 » に，該当レコードが 1 件ずつ挿入される。

図 2.31 の［完了と差し込み］から「文書の印刷」をクリックすると，図（e）の［プリンターに差し込み］ダイアログが表示され，［すべて］を選択すると，差し込んだデータを連続して印刷できる。

2.3.3　オブジェクトの貼り付け

【例題 2.9】 例題 2.6 で作成した個人成績表に，例題 2.7 で作成した面談日と面談時間の欄を付け加え，評価欄を削除し，個人面談日に変更した**図 2.33** のような案内文を作成せよ。

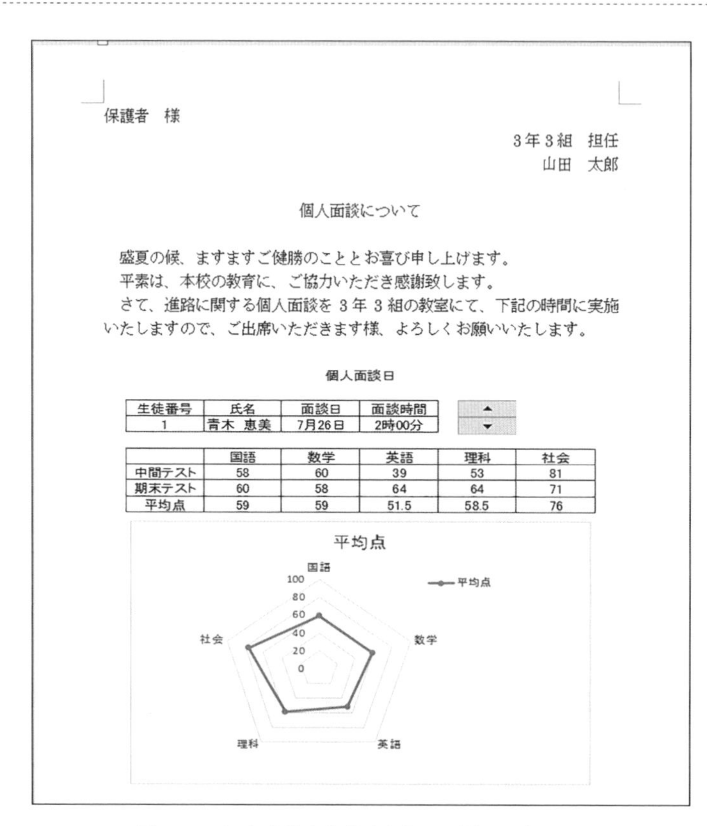

保護者　様

3年3組　担任
山田　太郎

個人面談について

盛夏の候、ますますご健勝のこととお喜び申し上げます。
平素は、本校の教育に、ご協力いただき感謝致します。
さて、進路に関する個人面談を 3 年 3 組の教室にて、下記の時間に実施いたしますので、ご出席いただきます様、よろしくお願いいたします。

個人面談日

生徒番号	氏名	面談日	面談時間
1	青木　恵美	7月26日	2時00分

	国語	数学	英語	理科	社会
中間テスト	58	60	39	53	81
期末テスト	60	58	64	64	71
平均点	59	59	51.5	58.5	76

図 2.33　個人成績表を付けた個人面談のお知らせ

まず，面談日と面談時間の欄を作成する前に，スピンボタンを移動する。マウスをスピンボタンの上に合わせ右ボタンを押すと，枠の表示が変わるので移動できる（**図 2.34**）。

面談日と面談時間については，例題 2.6 と同様に VLOOKUP 関数を用いて求める。

面談日のセルは，　「=VLOOKUP($A$4, クラス名簿 !$A$1:$H$16,7,FALSE)」

面談時間のセルは，「=VLOOKUP($A$4, クラス名簿 !$A$1:$H$16,8,FALSE)」

となる。

また，Word に貼り付ける前に，Excel の枠線が表示されないようにあらかじめ非表示に設定しておく。枠線を非表示にするには，**図 2.35** のように［表示］タブの［表示］を選択し，［目盛線］のチェック（✓）を外すと，枠線が非表示になる。

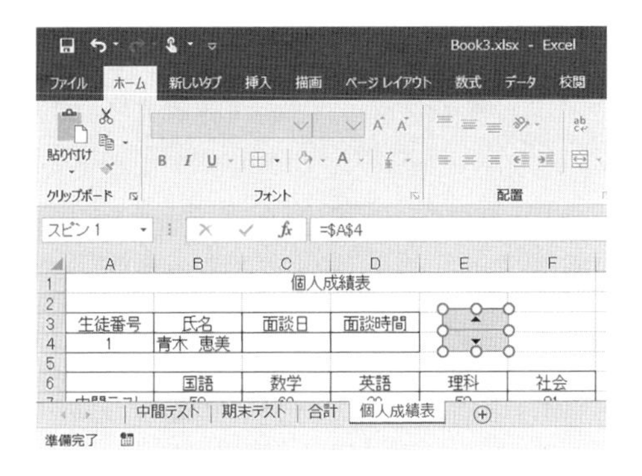

図 2.34　個人面談欄の作成

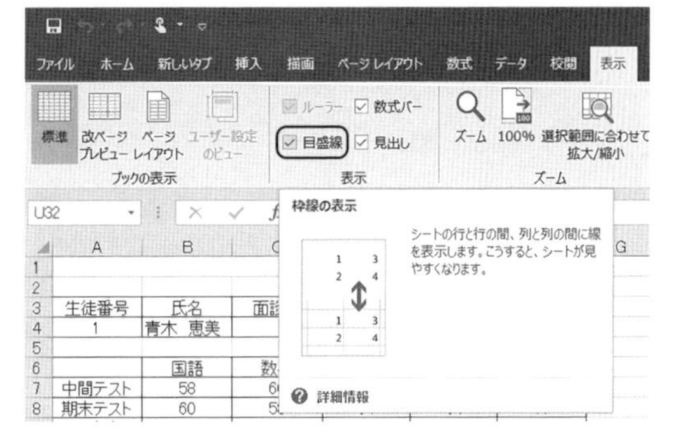

図 2.35　枠線の非表示設定

Excel ワークシート［個人成績表］のグラフを，Word に貼り付ける（埋め込む）には，つぎの手順で行う。

（1） **図 2.36**（a）のように，Excel の表とグラフをドラッグして選択し，［ホーム］タブの［クリップボード］グループから［コピー］を選択する。

（2） Word ファイルの添付する位置にカーソルを合わせ，Excel の［ホーム］タブの［クリップボード］グループから［貼り付け］をクリックし，［形式を選択して貼り付け］を選択する（図（b））。

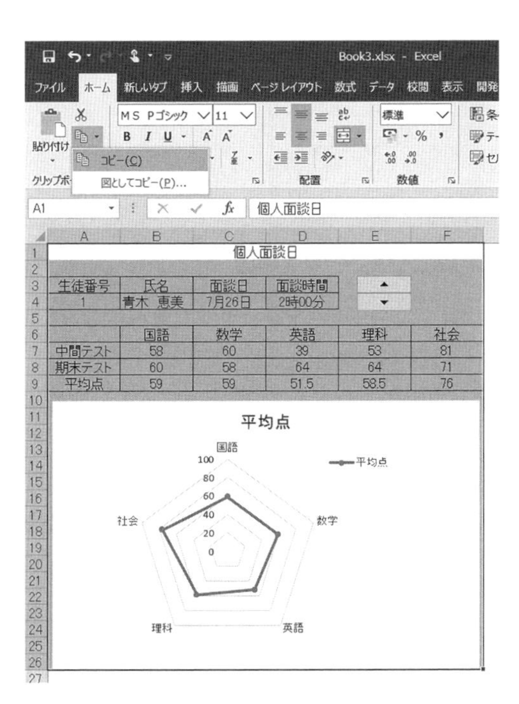

（a）　コピー

（b）　貼り付け

（c）　［形式を選択して貼り付け］ダイアログ

図 2.36　オブジェクトの貼り付け

（3） Wordの［形式を選択して貼り付け］ダイアログの「貼り付ける形式」から［Microsoft Office Excel ワークシートオブジェクト］を選択し，［OK］ボタンをクリックする（図（c））。

Excelの表やグラフをオブジェクトとしてWordに貼り付けると，Wordの画面からExcelのワークシートの編集が可能になる。

貼り付けたオブジェクトをダブルクリックすると，**図2.37**のように，Excelのワークシートが立ち上がる。スピンボタンをクリックし，個人成績表の氏名を変更することができる。なお，オブジェクトを貼り付けたファイルは，連続印刷ができない（2.2.4項コラム参照）。

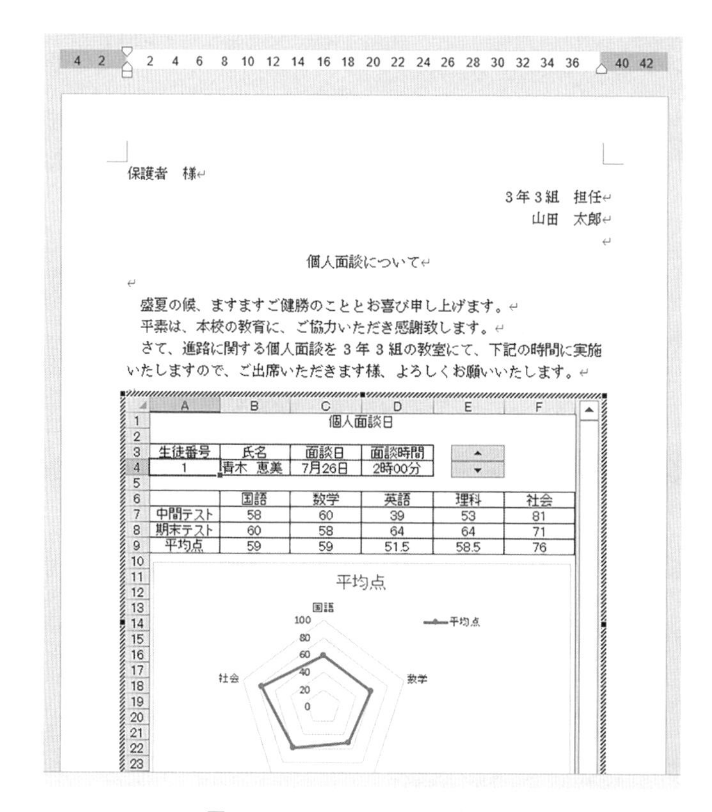

図2.37　オブジェクトの編集画面

図2.36（c）の［形式を選択して貼り付け］ダイアログで，［図］を選択すると，コピーした画面を画像として貼り付けることができる。その場合，Wordファイルから，個人成績表の名前を変更することはできない。

演　習　問　題

（1）　**表 2.9** のような体育祭の得点集計表を作成せよ。なお，順位は，RANK.EQ 関数を使用する。

表 2.9　得点集計表

番号	種目	1 組（赤）		2 組（赤）		3 組（白）		4 組（白）	
		得点	累計	得点	累計	得点	累計	得点	累計
1	50 m 走	30	30	24	24	18	18	10	10
2	ムカデ走	10	40	20	44	10	28	30	40
3	100 m 走	26	66	10	54	30	58	14	54
4	騎馬戦	10	76	10	64	30	88	30	84
5	台風の目	30	106	5	69	20	108	10	94
6	棒引き	30	136	20	89	40	148	50	144
7	応援合戦	10	146	20	109	40	188	30	174
8	応援ボード	30	176	20	129	30	218	10	184
9	綱引き	20	196	40	169	30	248	50	234
10	障害物競走	20	216	30	199	18	266	12	246
11	大縄跳び	0	216	40	239	20	286	10	256
12	クラス対抗リレー	40	256	20	259	30	316	10	266
13	団対抗リレー	30	286	30	289	10	326	10	276

	1 組	2 組	3 組	4 組
クラス得点	286	289	326	276
クラス順位	3	2	1	4

	赤	白
団得点	575	602
団順位	2	1

（2）　（1）の体育祭の各組の順位表を作成し順位の推移をわかりやすい折れ線グラフで作成せよ。

（3）　表 2.4 の中間テストの英語の成績データをもとに，**図 2.38** のような成績分布グラフを作成せよ。なお，度数は，Excel の COUNTIF 関数を使用して求めること。

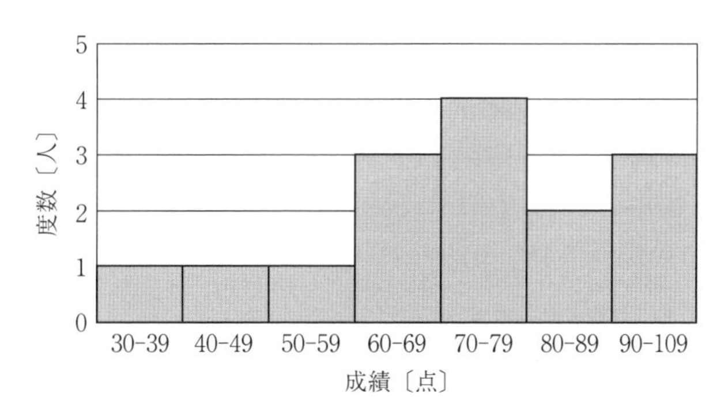

図 2.38　成績分布グラフ

（4） **表 2.10** は，ある子どもの成長の記録（身長，体重，胸囲，頭囲）を示したものである。乳児の栄養の評価の目安として使われる指数としてカウプ指数がある。

カウプ指数：体重〔g〕/（身長〔cm〕)^2 × 10

いま，発育状態をカウプ指数により，「やせぎみ」（15 未満），「ふつう」（15 以上 18 未満），「ふとりぎみ」（18 以上）の 3 段階で判定する。カウプ指数を計算し，IF 関数を使用して，「発育状態」の欄が自動的に表示されるようにせよ。

《参考》 厚生労働省：21 世紀出生児縦断調査（特別報告）の結果概要

表 2.10　ある子どもの成長の記録

	身長〔cm〕	体重〔g〕	胸囲〔cm〕	頭囲〔cm〕	カウプ指数	発育状態
出生時	46.5	2 660	29.5	32.0	12.3	やせぎみ
1 か月	50.4	3 970	34.7	34.2	15.6	ふつう
2 か月	57.0	5 590	39.5	37.3	17.2	ふつう
3 か月	59.3	6 520	41.2	38.5	18.5	ふとりぎみ
4 か月	61.3	7 180	41.7	39.8	19.1	ふとりぎみ
5 か月	62.2	7 460	43.3	40.0	19.3	ふとりぎみ
6 か月	66.8	8 190	43.2	41.8	18.4	ふとりぎみ
7 か月	68.5	8 330	43.8	42.2	17.8	ふつう

注） 発育状態は，出産直後は通常「やせぎみ」であり，そのあと急速に体重が増加するので，生後 3 か月以内の判定は無視する。

（5） 身長と体重の関係を表す**図 2.39** のようなグラフを作成せよ。

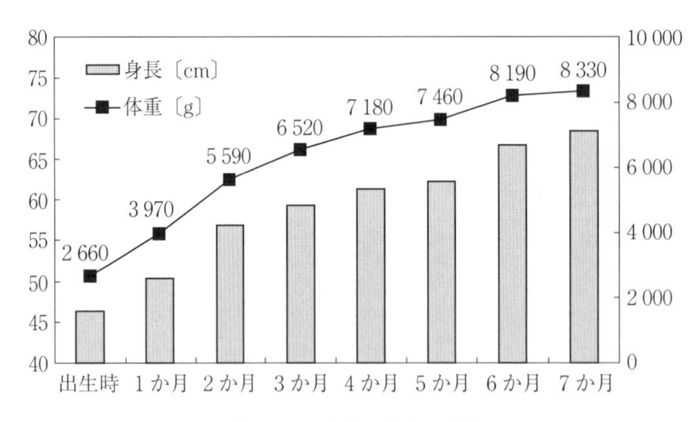

図 2.39　身長と体重の関係

〈ヒント〉 複合グラフの作成

1） 身長，体重のデータから「集合縦棒」グラフを作成する。

2） 体重グラフを「折れ線グラフ」に変更する。⇨体重グラフのデータを選択し，［デザイン］タブ［種類］グループの［グラフの種類の変更］－［組み合わせ］から「マーカ付き折れ線」に変更する。

3） 軸の書式を整える。⇨「第 2 縦（体重軸）軸」を選択し，［軸の書式設定］の「軸のオプション」から，境界値，目盛間隔，目盛の向き，目盛の数値を適切に設定する。縦軸（身長軸）も同様に設定する。横軸についても，目盛の向きを同様に設定する。

4） そのほか，グラフの枠線，軸の目盛線，凡例の位置，タイトル（削除）を図 2.39 のようにする。

3. 授業教材

本章では，プレゼンテーションソフト（Microsoft PowerPoint 2019）および描画ソフト（ペイント）を用いて授業教材を作成する。調理実習の資料，電子絵本，クイズ教材の作成をとおして，見やすくわかりやすい発表資料を作成するための注意事項や，スライド作成の表現技術について学ぶ。

3.1 プレゼンテーション資料を作ろう

3.1.1 スライド資料の作成

【例題 3.1】 図 3.1 のような小学校 6 年生家庭科の調理実習のプレゼンテーション資料を作成せよ。

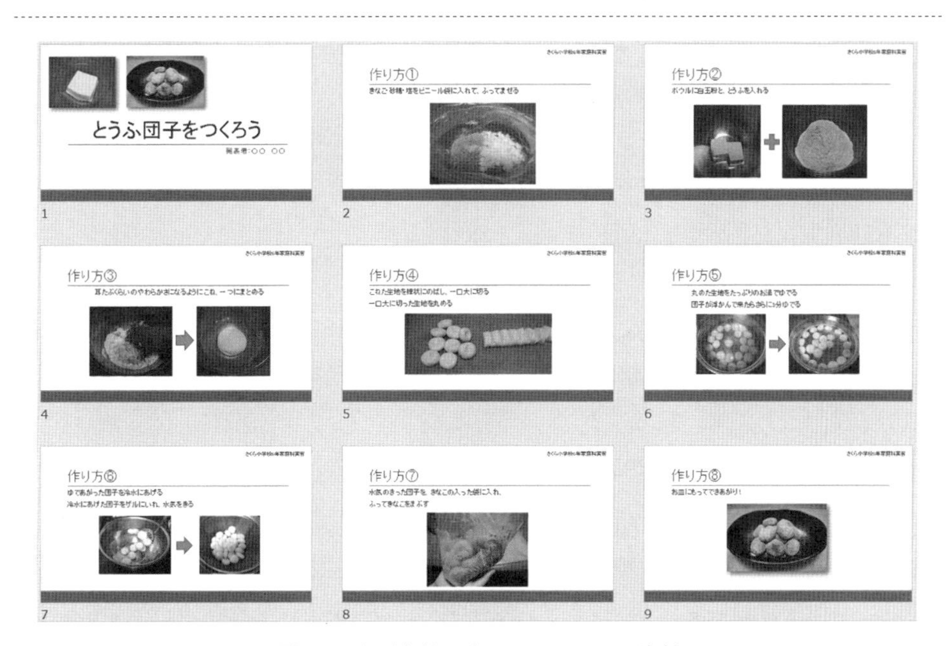

図 3.1　調理実習のプレゼンテーション資料

最初に，PowerPoint の起動と終了について，簡単に説明する。

PowerPoint を起動し，［新しいプレゼンテーション］を選択すると，三つのウィンドウから構成されるウィンドウ画面（**図 3.2**）が表示される。

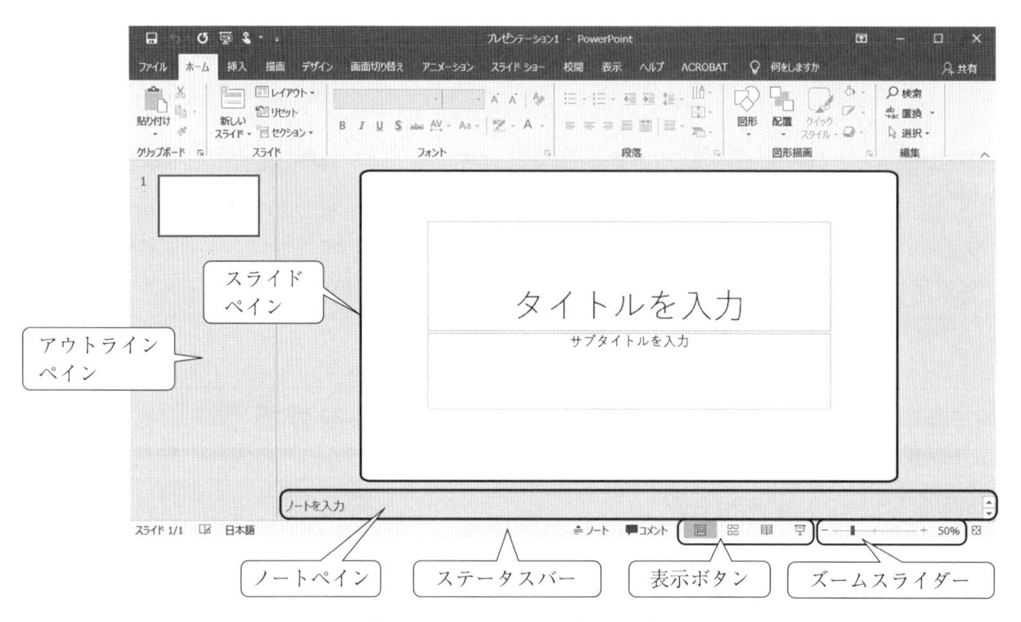

図 3.2　PowerPoint の基本画面

（1）　アウトラインペイン：スライドの順番を変更したり，スライドを追加できる。プレゼンテーションの構成を整理する箇所である。

（2）　スライドペイン：各スライド内容の編集を行う箇所である。

（3）　ノートペイン：スライドに対する説明や補足事項を入力できる箇所であり，ノートも印刷することができる。

なお，PowerPoint のスライドサイズのデフォルト設定は，ワイド画面（16：9）である。［デザイン］タブの［ユーザー設定］グループの「スライドのサイズ」を選択すると，標準（4：3）に変更することもできる。

3.1.2　素材およびスライドの準備

プレゼンテーション資料は，相手に見やすくわかりやすく作成しなければならない。まず，わかりやすい資料作成のため，お菓子の作り方などをデジタルカメラやスマートフォンで撮影し，素材を準備しておく。つぎに，見やすくわかりやすい発表資料を作成するには，内容を検討するとともに，表現するための技術と工夫が必要である。また，スライド作成の前に，本節最後に示したコラム「スライド作成の注意事項」を確認しておく。

初期画面では，タイトルスライドしか準備されていないため，スライドの挿入を行う。タイトルとコンテンツスライドの挿入は，アウトラインにあるスライドの1枚目を選択し，Enterキーを押すと挿入される。スライドの種類を選択する場合の手順は，つぎの手順で行う。

（1） **図3.3**のように，［ホーム］タブの［スライド］グループにある［新しいスライド▼］をクリックすると，挿入できるスライド一覧が表示される。

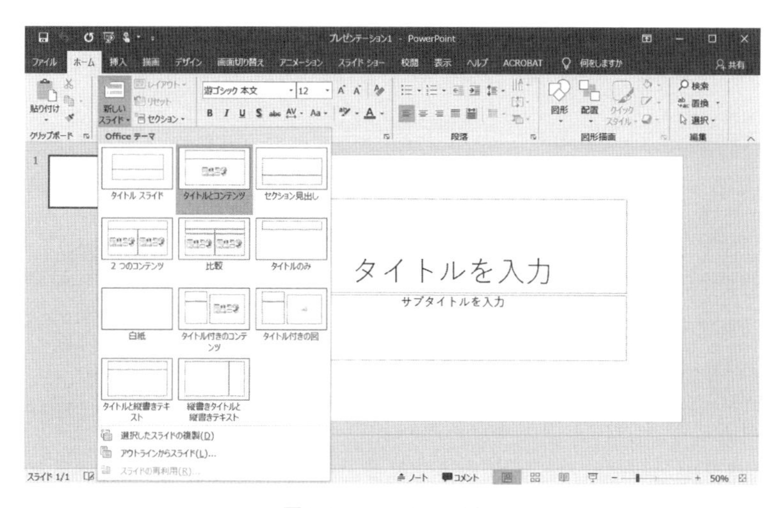

図3.3　スライドの挿入

（2） スライド一覧から，適切なスライド（ここでは，［タイトルとコンテンツ］）を選択する。

3.1.3 スライドの背景とスライドマスター

〔1〕 スライドの背景

PowerPointには，あらかじめいくつかのテーマ（背景用デザインプレートなど）が用意されている。素材が見やすいかどうか，また，内容に合うかどうかを考えて背景を設定する。写真を用いる場合は，背景が白いほうが見やすいこともある。必要に応じて，背景を選択する。スライド全体の背景を設定するには，つぎの手順で行う。

（1） **図3.4**のように，［デザイン］タブの［テーマ］グループにある をクリックすると背景デザインの一覧が表示される。

（2） デザイン一覧から，適切なデザイン（ここでは，［レトロスペクト］）を選択する。

（3） 全スライドの背景が，選択したデザインに変更される。

図 3.4　背景の設定

〔2〕 スライドマスターの設定

スライド全体に対する設定をもう少し細かく設定する場合は，［表示］タブの［マスター表示］グループにある［スライドマスター］から設定できる。

スライドマスターを利用することで，背景デザインの色変更，本文を書き込む破線の枠（プレースホルダーと呼ばれる）のサイズや位置，フォントやフォントサイズの変更，箇条書きのスタイルなどをカスタマイズできる。また，ロゴなどの図を入れることもできる。スライドマスターからの変更は，プレゼンテーション内のすべてのスライドに反映される。

スライドマスターを用いて，スライドの右上箇所にタイトル（ここでは，「さくら小学校 6 年家庭科実習」）を入れる。

スライドマスターの編集は，つぎの手順で行う。

（1） **図 3.5**（a）のように，［表示］タブを選択し，［マスター表示］グループの［スライドマスター］をクリックする。

（2） アウトラインから，［タイトルとコンテンツレイアウト］を選択する。

（3） 図（b）のように，スライドマスターのスライドの右上に，「挿入」タブの［テキスト］グループからテキストボックスを選択して，「さくら小学校 6 年家庭科実習」と入力する。なお，文字のフォントは，小さめにしておく（ここでは，18 pt）。

（4） ［スライドマスター］タブを選択し，［マスター表示を閉じる］ボタンをクリックすると，表示が［標準］に戻る。すべてのスライドのデザインが変更される。

この例では，タイトル以外のスライドに，スライドの右上に「さくら小学校 6 年家庭科実習」が表示される。なお，背景のスタイルや色，フォントなどを変更したい場合は，［スライドマスター］タブの「背景」グループから行う。また，［表示］タブの［マスター表示］

（a）［表示］タブ

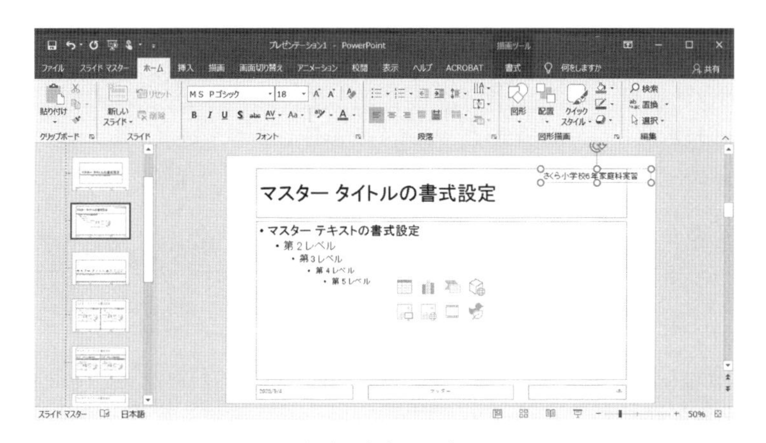

（b）文字の入力

図 3.5　スライドマスターの設定

グループには，スライドマスターのほかに，配布資料のデザインやレイアウトを設定する［配布資料マスター］や［ノートマスター］がある。

3.1.4　スライドの編集

〔1〕　タイトルスライド

スライドマスターによる変更が終了すれば，1 枚目のタイトルスライドを作成する。「タイトルを入力」とあるプレースホルダーに**図 3.6** のように，タイトルを入力する。サブタイトルには，発表者（作成者）氏名を入力する。フォント，フォントサイズ，色などの変更は，書式設定から行う。

つぎにお菓子のイメージを持たせるため，タイトルスライドに，豆腐の写真と豆腐団子のでき上がり写真を入れる。写真の挿入については，つぎの手順で行う。

（1）［挿入］タブを選択し，［画像］グループの［画像］を選択する。

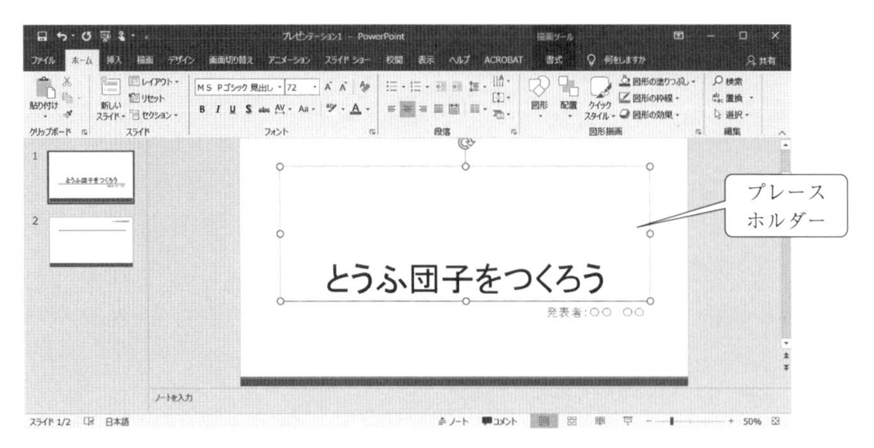

図 3.6　タイトルスライドの作成

（2）［画像の挿入元］から，写真が格納されている場所を選択してから，必要な図を選択する。複数貼り付ける場合は，Ctrlキーを押しながら選択する。

（3）レイアウトに合わせて，図の大きさや配置を変更する。

〔2〕 タイトルとコンテンツスライド

タイトルとコンテンツスライドも同様に作成する。写真の大きさや配置などは，プレゼンテーション全体の統一感を持たせるため，できるだけ同じ形式に揃える。スライドをよりわかりやすくするため説明の補助として，図 3.1 に示した作り方 ②，作り方 ③，作り方 ⑤，作り方 ⑥ のスライドでは，図形を用いる。

図形の挿入については，つぎの手順で行う。

（1）**図 3.7** のように，［挿入］タブを選択し［図］グループの［図形］をクリックする。

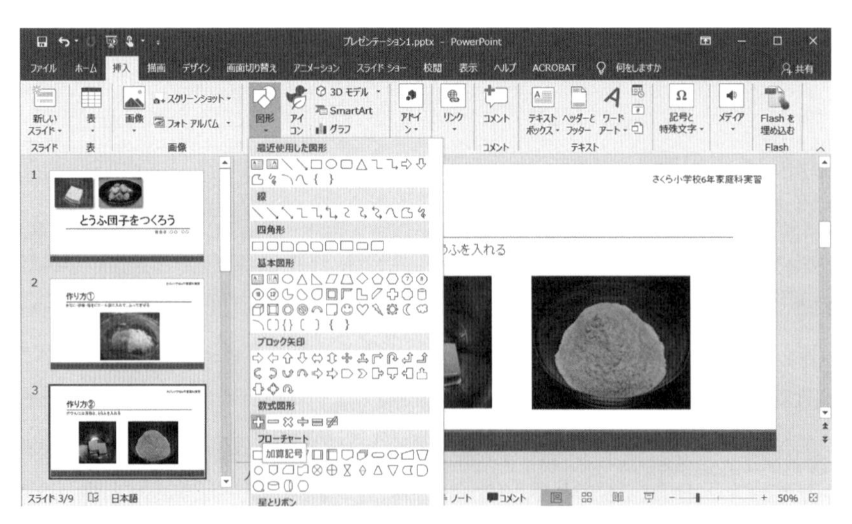

図 3.7　スライドのコンテンツ作成

（2） 図形一覧から，作り方②に必要な図（ここでは，［数式図形］の［加算記号］）を選択する。

（3） 挿入したい箇所にドラッグする。

（4） 作り方③，作り方⑤，作り方⑥のスライドの矢印については，［ブロック矢印］から，［右矢印］を選択する。

作成したスライドの一覧を表示させるには，［表示］タブを選択し，［プレゼンテーションの表示］グループから［スライド一覧］を選択する。

3.1.5 表の挿入

【例題3.2】 例題3.1で作成したプレゼンテーション資料の2枚目に，**図3.8**のスライド（レシピ）を追加せよ。

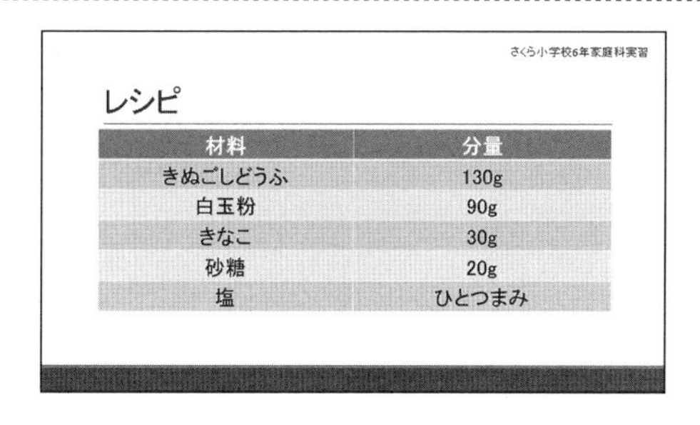

図3.8　スライド（レシピ）

図3.3と同じように，新たに［タイトルとコンテンツ］スライドを挿入する。タイトルは，「レシピ」とし，材料と分量の表を挿入する。表の挿入はつぎの手順で行う。

（1） **図3.9**（a）のように，プレースホルダーの中に六つのボタンがある。左上の［表の挿入］を選択する。なお，［挿入］タブの［表］をクリックし，表の行列（ここでは，6行×2列）を指定することによっても，スライド部分に表が挿入される。

なお，プレースホルダーは，上の段左から［表］，［グラフ］，［SmartArt グラフィック］，下の段は左から［画像］，［オンライン画像］，［ビデオ］を挿入するボタンになっている。

（2） ［表の挿入］ダイアログでは，「列数」を2，「行数」を6に設定し，［OK］ボタンを選択すると，図（b）のような表が挿入される。

表が挿入できれば，セルに文字と数字を書き込む。表が見にくい場合は，フォント，フォントサイズ，文字の色，表のデザインなどを変更する。

フォント，フォントサイズ，文字の色などの書式は，つぎの手順で変更する。

（1） **図3.10**の表の枠をクリックし，表全体を選択する。

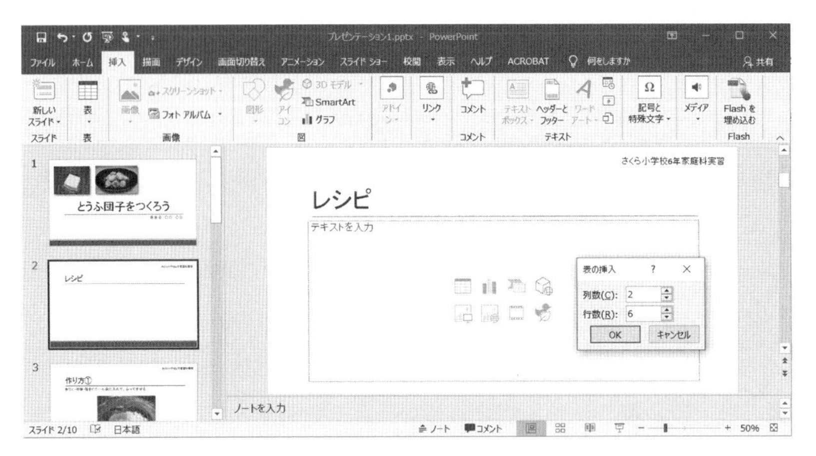

（a）［表の挿入］ダイアログ

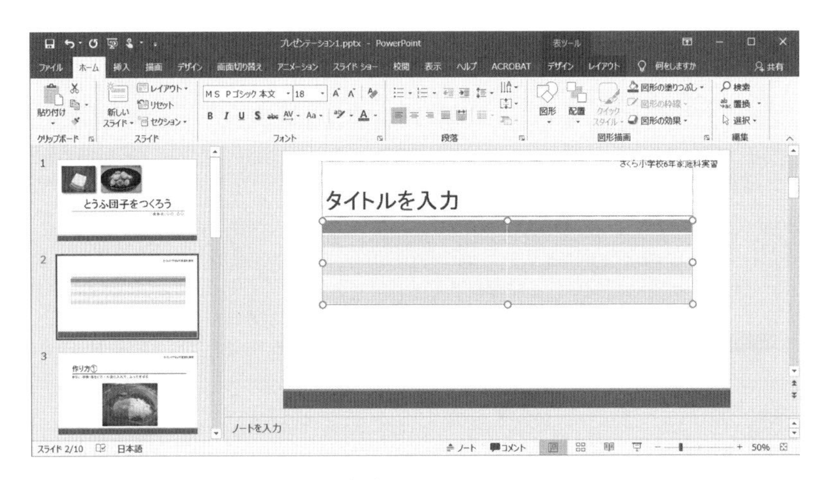

（b）表の挿入

図 3.9　表の作成

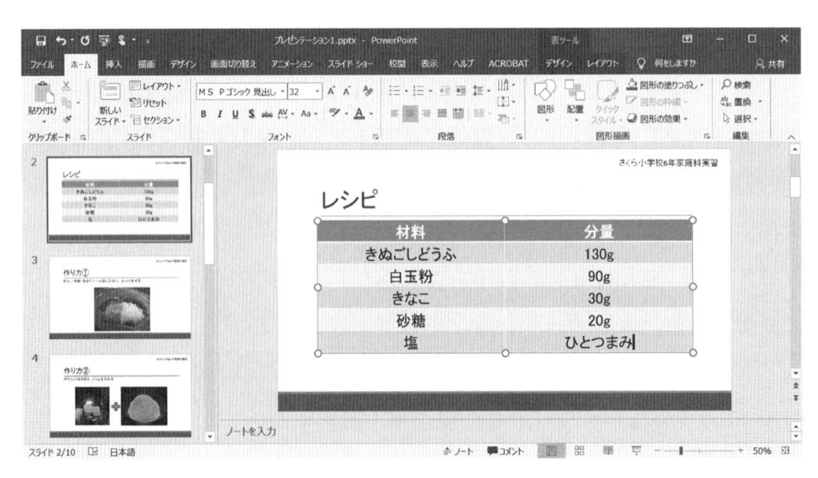

図 3.10　表の書式の変更

（2）［ホーム］タブの［フォント］グループから，フォント，フォントサイズ，文字の色など（ここでは，MSP ゴシック，サイズ 32）を変更する。

（3）また，必要に応じて，［ホーム］タブの［段落］グループにある中央揃えなどで，表の体裁を整える。

表のデザインを変更したい場合は，つぎの手順で行う。

（1）表の枠をダブルクリックし，表全体を選択すると表の［デザイン］タブが表示され，表のスタイルが変更できる。

（2）［表のスタイル］グループから，適切なスタイル（ここでは，中間スタイル 2-アクセント 1）を選択する（**図 3.11**）。

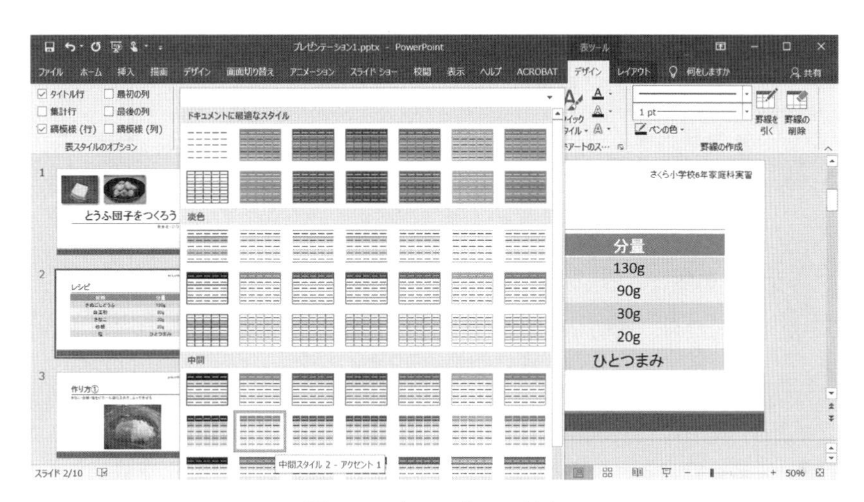

図 3.11　表スタイルの変更

3.1.6　アニメーションの設定

アニメーションについては，3.2 節で詳細に説明するが，ここでは，作り方②のスライドに簡単なアニメーションを付ける。最初に，左の画像と加算記号が表示されているとして，作り方②の右の図に，アニメーションを付ける。アニメーションは，つぎの手順で行う。

（1）［アニメーション］タブの［アニメーションの詳細設定］グループにある［アニメーションの追加］を選択する。

（2）**図 3.12** のように，［開始］のグループから［フェード］を選択する。

（3）開始のタイミングはクリック時とする。

アニメーションが付くと，スライド内の図に番号が付き，アウトライン内のスライドには，星のしるしが入る。

なお，アニメーションには，分類すると「開始」「強調」「終了」「アニメーションの軌跡」がある。例えば，「開始」で［スライドイン］を選ぶと，［アニメーション］グループの［効

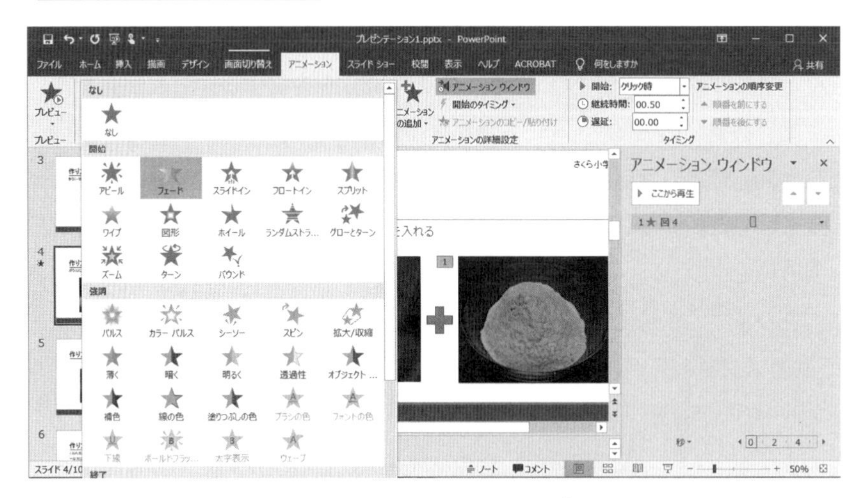

図 3.12　アニメーションの設定

果のオプション］を選択することでスライドの表示方向が指示できる。また，作り方③，作り方⑤，作り方⑥のスライドにも，アニメーションを付けておく。

3.1.7　スライドの実行

スライドが完成したら，適切な名前を付け保存したあと，スライドショーを実行させる。スライドショーは，［スライドショー］タブの［スライドショーの開始］グループにある［最初から］をクリックすることで実行される。

発表時間が決まっているときなど，スライドの切り替えのタイミングを設定し，自動的にスライドが切り替わるように設定することができる。

自動的にスライドを実行する設定は，つぎの手順で行う。ここでは，各スライドが5秒ごとに自動で切り替わるように設定を行う。

（1）**図 3.13**（a）のように，［画面切り替え］タブを選択し，［画面切り替え］グループから，切り替え方（ここでは，［ワイプ］）を選択する。

（2）切り替わるときの時間を，［タイミング］グループにある「継続時間」から設定（ここでは，1秒）する。

（3）画面の切り替えタイミングを「自動的に切り替え」にチェック（✓）を入れ，切り替え時間（ここでは，5秒）を設定する。

（4）スライドの切り替え方と切り替えタイミングが設定できれば，［タイミング］グループにある［すべてに適用］ボタンをクリックする。

（5）設定ができれば，［スライドショー］タブの［スライドショーの開始］グループにある［最初から］を選択し実行させる。

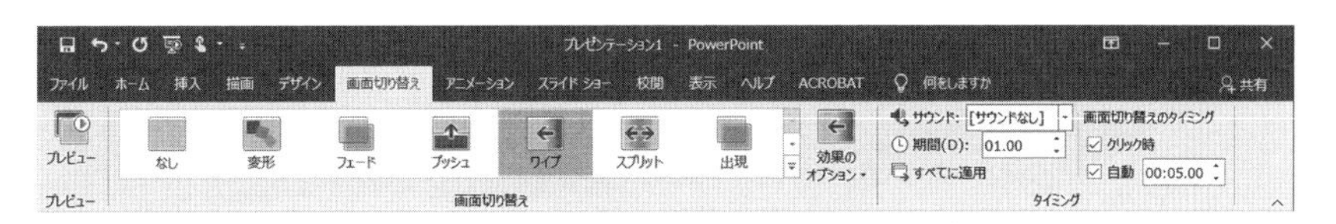

（a） 自動切り替えの設定

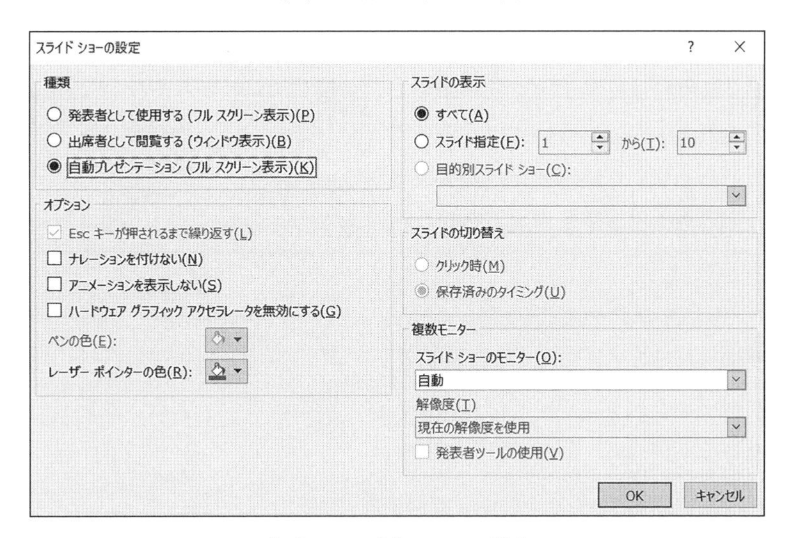

（b） スライドショーの設定

図 3.13　スライドの自動実行

［画面切り替え］タブの［タイミング］グループより，自動切り替え設定（「自動的に切り替え」にチェック（✓）を入れる）をしても，スライドが最後まで表示されれば，スライドは終了する。何度も繰り返して表示させるように設定するには，つぎの手順で行う。

（1） ［スライドショー］タブを選択し，［設定］グループから，［スライドショーの設定］ボタンを選択する。

（2） ［スライドショーの設定］ダイアログ（図 3.13（b））の「種類」の［自動プレゼンテーション（フルスクリーン表示）］を選択し，［OK］ボタンをクリックする。

（3） ［スライドショーの開始］グループにある［最初から］ボタンを選択し実行する。

　自動プレゼンテーションを選択すると，Escキーが押されるまで繰り返し，スライドショーが実行される。Escキーを押すことでスライドショーの実行を解除できる。

なお，作成したスライドを配布資料として印刷する場合はつぎの手順で行う。

（1） ［ファイル］タブをクリックし，［印刷］を選択する。

（2） 印刷に利用する「プリンター」を選択し，［設定］から印刷するスライドや，印刷形式を設定する。

（3） 設定できれば，［印刷］ボタンをクリックする。

スライド作成の注意事項

プレゼンテーション資料で大切なことは，見やすくわかりやすい資料を作成することである。ここでは，スライド作成における注意点について簡単にまとめる。

（1）　文章：スライドは，読んで理解する資料ではなく，見せる資料の作成を目指す。

・だらだらと長文を書くのではなく，体言止めの箇条書きにする。

・重要な箇所には色や下線で強調するなど，視覚的にわかりやすいように工夫する。

・順序性のある内容については，箇条書き記号ではなく，段落番号を用いる。

・文章でわかりにくい場合は，図や表で視覚的に示す。

・スライド全体のレイアウト，背景，色，書き方などを統一する。

（2）　フォント

・フォントは，ゴシック系を用いる（MSP ゴシック，HGP 創英角ゴシック UB など）。

・明朝体，教科書体，Century は細いため，用いないほうがよい。

・明朝体などの太字については，画面表示・印刷時につぶれることがあるため，使用しないほうがよい。

（3）　フォントサイズと行数

・大見出しは，36 ～ 44 pt，本文は 24 ～ 32 pt にする。

・本文は，1 スライド当り 10 行以内にする。

（4）　色使い

・統一感がなくなるため，色をたくさん使いすぎないようにする。ポイントとなる部分に目立つ色を使うようにする。

・文字と背景のコントラストに気をつける。

＜悪い例＞　背景と文字：灰と黄，青と緑など

（5）　線

・線を用いる場合は，適切な太さに調整する。デフォルトは 0.75 pt であるが，強調する箇所に用いる場合は，1.5 pt 以上にするとよい。

（6）　アニメーションや画面切り替え

・アニメーションや画面切り替えの使いすぎは見にくいため，多用しない。

・アニメーションの順番は不自然にならないよう注意する。例えば，矢印を用いている場合は，矢印と同じ方向にアニメーションを付ける。

（7）　スライドの背景

・あらかじめ用意されているデザインプレートは，配色がきれいだが，プレゼンテーションの内容によっては，絵が派手すぎたり，タイトルの位置が下すぎたりする。必要に応じて，スライドマスターからレイアウトを変更し，内容に合わせた背景を作成する。

3.2 電子絵本を作ろう

3.2.1 電子絵本のスライド作成

【例題 3.3】 **図 3.14** のような 4 枚のスライドを作成せよ。なお，動物・家のイラストは，フリー素材†を用いる。また，フォントは，すべて「HGP 創英角ポップ体」とし，フォントサイズは「54」「44」「36」とする。

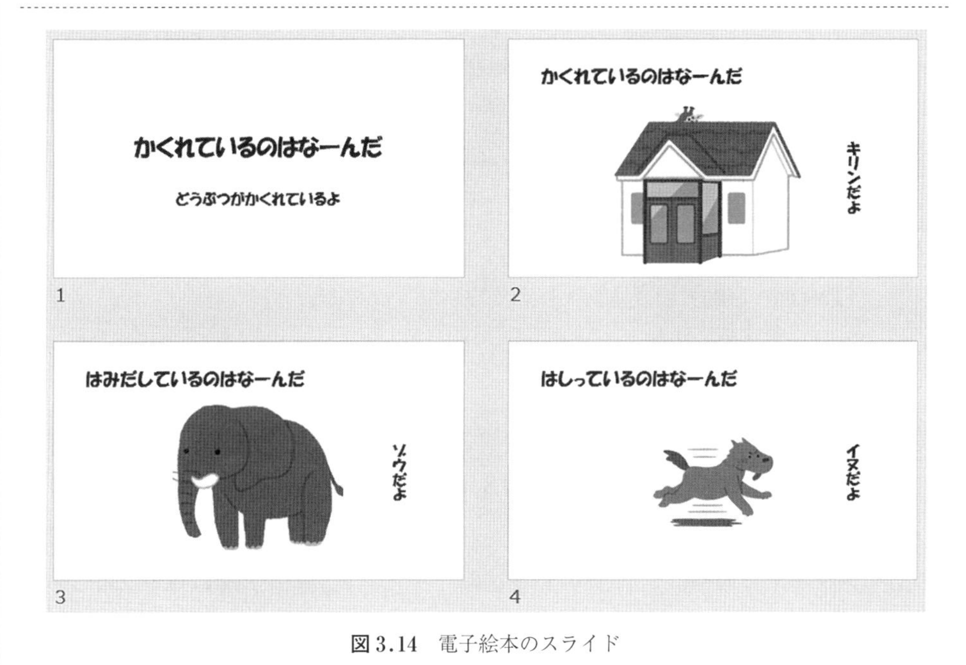

図 3.14 電子絵本のスライド

1 枚目のタイトルスライドの作成は，つぎの手順で行う。

（1） 「タイトルを入力」とあるプレースホルダーに，「かくれているのはなーんだ」と文字を入力する。

（2） ［ホーム］タブの［フォント］グループより，フォントを「HGP 創英角ポップ体」，フォントサイズを「54」とする。

（3） 入力後，プレースホルダーの枠外をクリックすると入力したテキストが確定される。

（4） 同様に，「サブタイトルを入力」のプレースホルダーをクリックし，「どうぶつがかくれているよ」と入力する。フォントを「HGP 創英角ポップ体」，フォントサイズを「36」とする。

† 本章で利用しているイラストは，「かわいいフリー素材集　いらすとや」[5] の無料イラストデータ集である。

2枚目のキリンのスライドは，つぎの手順で行う。

（1）［ホーム］タブの［スライド］グループにある［新しいスライド］の▼から［タイトルとコンテンツ］をクリックする。追加されたスライドに「かくれているのはなーんだ」と，フォントサイズ「44」で文字を入力する。

（2）プレースホルダーの中に六つのボタンがある（**図 3.15**）が，［オンライン画像］ボタンをクリックし，キリンと家のイラストを挿入する。

図 3.15　コンテンツの挿入

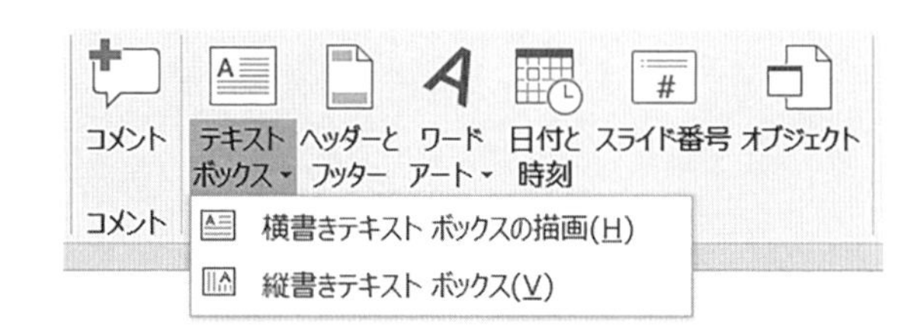

図 3.16　テキストボックスの挿入

（3）キリンが家の前にいるため，家の後ろに配置する。キリンのイラストを右クリックし，［最背面へ移動］の［背面へ移動］をクリックする。

（4）イラストをクリックするとまわりにハンドルがあらわれる。ハンドルをドラッグして，大きさを調整する。

（5）［挿入］タブを選び，［テキストボックス］の▼をクリックすると，横書き・縦書きのテキストボックスを選択できる（**図 3.16**）。［縦書きテキストボックス］をクリックし，文字列「キリンだよ」と入力する。フォントサイズは［ホーム］タブで調節する。

2枚目のスライドと同様に，［ホーム］タブの［スライド］グループにある［新しいスライド］の▼から指定することにより，3枚目と4枚目のスライドを挿入する。ゾウとイヌのイラスト，テキストの文字の挿入は，2枚目のスライドと同様に作成する。

なお，作業が終われば，［ファイル］タブから［名前を付けて保存］を選択し，ファイル名「電子絵本」で保存しておく。

3.2.2　アニメーションの設定

【例題 3.4】　例題 3.3 で作成したスライドに，以下のアニメーションを設定せよ。

- 2枚目のスライドでは，家が消えるアニメーションを設定する。
- 3枚目のスライドでは，ゾウのクリップアートを拡大してキャンバスからはみ出させて何の動物かわかりにくくし，その後縮小され適正に表示されるアニメーションを設定する。
- 4枚目のスライドでは，イヌが左から右に移動するアニメーションを設定する。

2枚目のスライドのアニメーションは，つぎの手順で行う。

（1） アウトラインペインの2枚目のスライドをクリックし，2枚目のスライドを表示させる。

（2） アニメーションを付ける家のイラストをクリックする。

（3） ［アニメーション］タブを表示し，［アニメーションの詳細設定］グループにある［アニメーションの追加］をクリックすると，アニメーションの種類が表示される。［アニメーションの追加］から［終了］の［フェード］をクリックする（**図3.17**）。

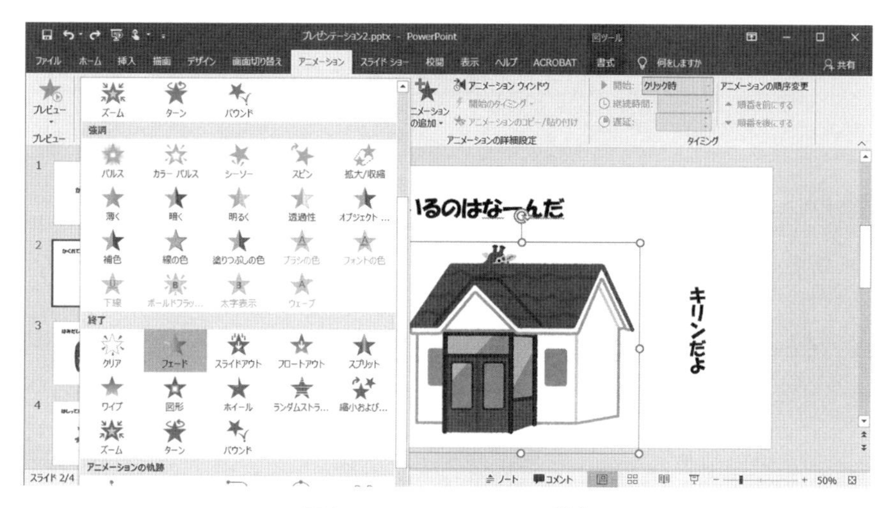

図3.17　アニメーションの設定

（4）「キリンだよ」のテキストボックスをクリックし，同じく［アニメーション］タブを選び，［アニメーションの詳細設定］グループの［アニメーションの追加］から［開始］の［スライドイン］をクリックする。

（5） ［アニメーション］グループの［効果のオプション］は，［下から］にしておく。

なお，アニメーションを削除する場合は，［アニメーション］タブの［アニメーションの詳細設定］グループより［アニメーションウインドウ］を開いて，作成したアニメーションを選択して削除する。

3枚目のスライドのアニメーションは，つぎの手順で行う。

（1） アウトラインペインの3枚目のスライドをクリックし，3枚目のスライドを表示させる。

（2） ゾウのイラストを右クリックし，「配置とサイズ」メニューをクリックする（**図3.18**）。

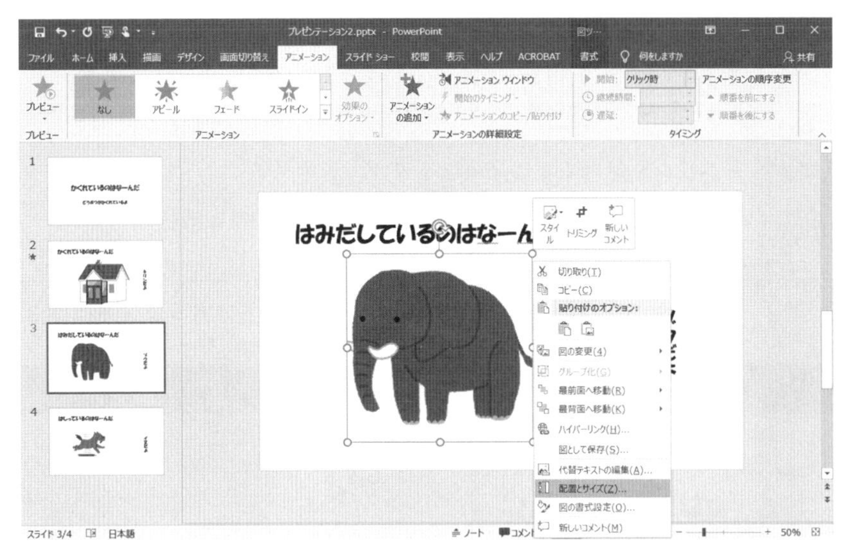

図 3.18　配置とサイズ

（3）［図の書式設定］のウインドウが表示される。「元のサイズを基準にする」のチェック（✓）を外すと，現在表示されているイラストからの倍率が設定できる。

（4）チェックを外して，「サイズ」の「高さの調整」を 400 %，「幅の調整」を 400 % などで設定し，イラストを画面から大きくはみ出させる（**図 3.19**）。

（5）ゾウのイラストをスライドが隠れるような適切な位置に移動する。［表示］タブの［ズーム］を使って縮小表示すると比較的移動しやすい（**図 3.20**）。

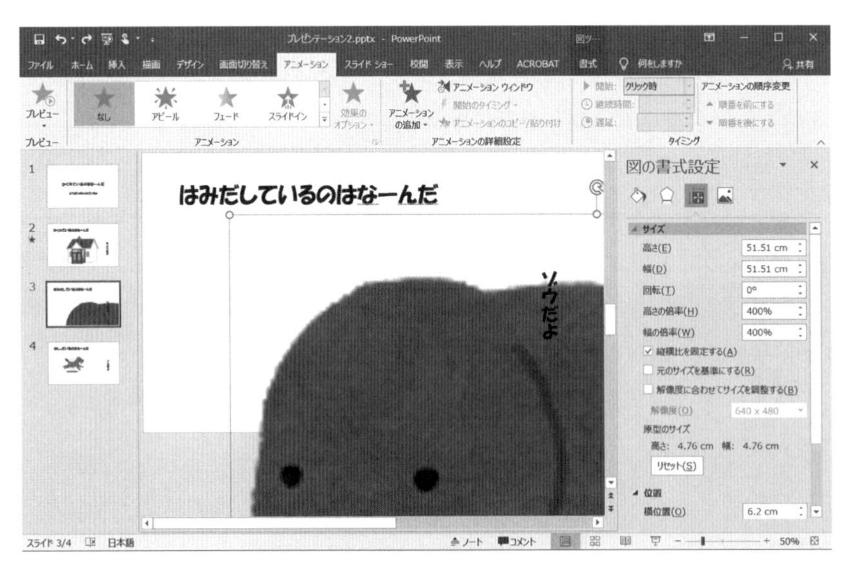

図 3.19　図の書式設定

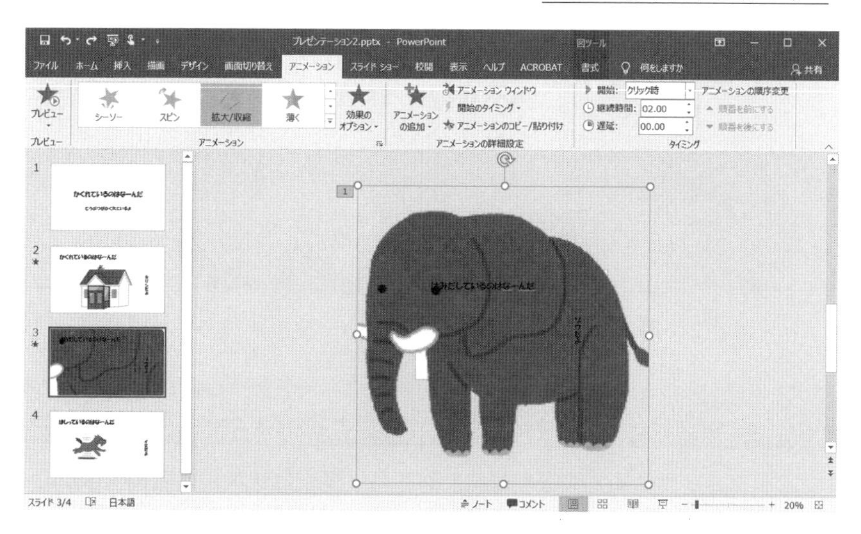

図 3.20　3枚目のスライド（縮小表示）

（6）　ゾウのイラストを選択し，［アニメーション］タブの［アニメーションの詳細設定］グループより［アニメーションの追加］をクリックし「強調」の［拡大 / 収縮］をクリックする。

（7）　なお，そのままの設定では，画像が拡大されるので，［アニメーション］タブの［アニメーションの詳細設定］グループより［効果のオプション］にある「度合」を［最小］にすることで，画像には現在から 1/4 の縮小表示になるアニメーションが設定される。

（8）「ゾウだよ」のテキストボックスをクリックし，［アニメーション］タブの［アニメーションの詳細設定］グループより［アニメーションの追加］を選択し「開始」の［スライドイン］をクリックする。

4 枚目のスライドのアニメーションは，つぎの手順で行う。

（1）　アウトラインペインの 4 枚目のスライドをクリックし，4 枚目のスライドを表示させる。これも［表示］タブの［ズーム］を使って，縮小表示するのが望ましい。

（2）　イヌのイラストを左から右に移動させるため，イラストの初期配置をスライドの枠外の左にする。

（3）　イヌのイラストを選択し，［アニメーション］タブの［アニメーションの詳細設定］グループより［アニメーションの追加］を選択し「アニメーションの軌跡」の［直線］をクリックする。アニメーションの終了場所を表す赤矢印をスライドの枠外の右まで持っていく（**図 3.21**）。

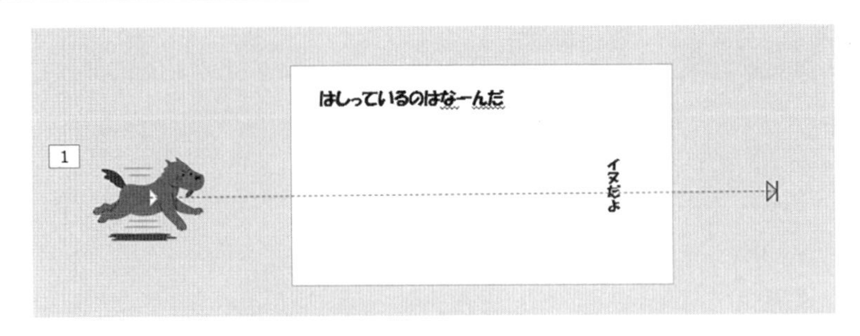

図 3.21　4 枚目のスライドのアニメーションの軌跡

(4)　(3) のアニメーションでは移動が早すぎてイヌかどうか確認できないおそれがある場合は，移動の遅いアニメーションを追加する。［アニメーション］タブの［タイミング］グループにある「継続時間」を 4 秒（通常は 2 秒）に設定する。

(5)　さらにクイズの解答のために，イヌのイラストを左からスライドの真ん中に移動するアニメーションを追加する。

(6)　「イヌだよ」のテキストボックスをクリックし，［アニメーション］タブの［アニメーションの追加］から「開始」の［スライドイン］をクリックする。

図 3.22 は，完成したイヌのアニメーション，および「アニメーションウインドウ」を表示している。

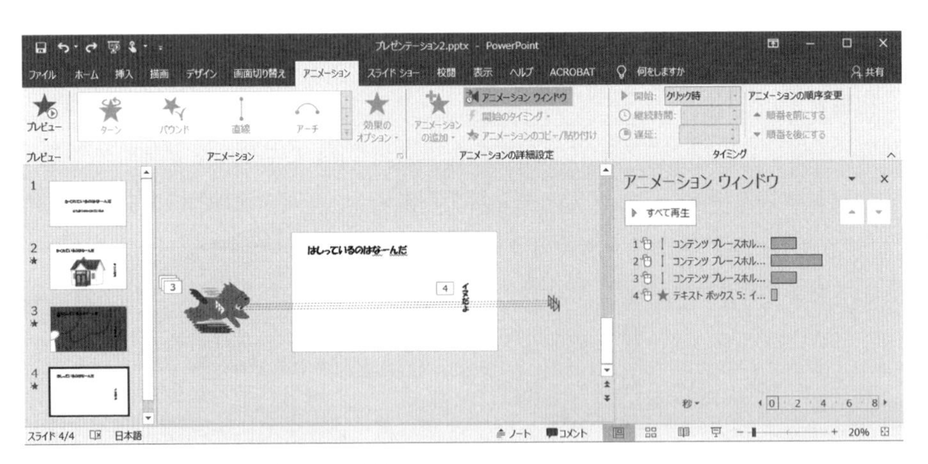

図 3.22　4 枚目のスライドのアニメーション

最後に，アニメーションが正確に設定されているかを，スライドショーで確認する。［スライドショー］タブで［スライドショーの開始］グループの［最初から］をクリックして，スライドショーを実行する。アニメーションが思いどおりに設定されていれば，［ファイル］タブから［上書き保存］をする。

〈ペイントとペイント 3D〉

Windows10 では，「ペイント」に加え，「ペイント 3D」が追加されたので，ここでは，家の図形を例として，ペイントとペイント 3D での作図方法の概要を示す。

【ペイントでの作図】

Windows の「アクセサリ」から「ペイント」を選択して，つぎの手順で作図する。

（1）［四角形］ツールで家の壁部分，［楕円形］ツールで家の窓部分を描く。Shift キーを押しながらドラッグ＆ドロップすると，綺麗な正円が描ける。［三角形］ツールで，家の屋根部分を描く。

（2）［塗りつぶし］ツールを用いて，家の屋根部分と壁部分を塗る。色は「色 1」で任意の色を選び，該当部分を左クリックして塗りつぶす（**図 3.23**）。

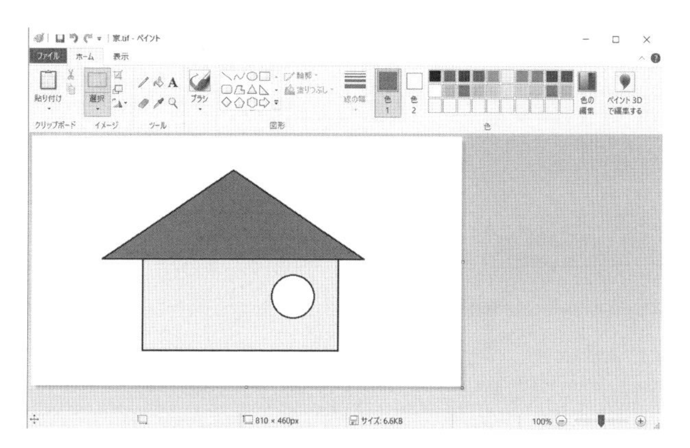

図 3.23　ペイントでの作図

【ペイント 3D での作図】

Windows 10 の「ペイント 3D」を選択して，つぎの手順で作図する。

（1）「2D 図形」の［四角形］ツールで家の壁部分，［円］ツールで家の窓部分，［三角形］ツールで家の屋根部分を描く（**図 3.24**（a））。

（2）「ブラシ」の［塗りつぶし］ツールを用いて，家の屋根部分と壁部分を塗る。色は，パレットから任意の色を選び，該当部分を左クリックすして塗りつぶす（図（b））。

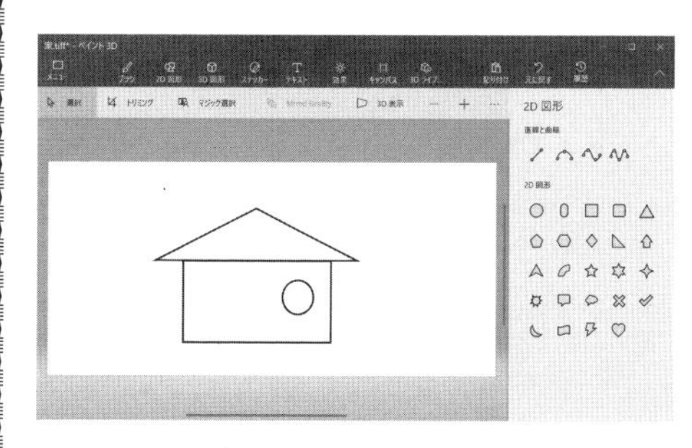

（a）「2D 図形」での作図

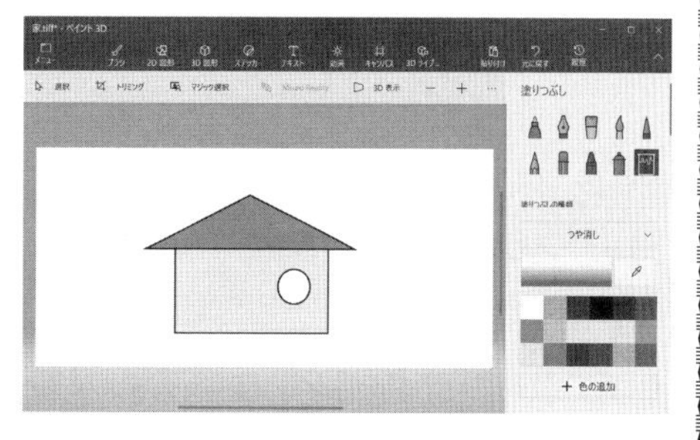

（b）「ブラシ」での作図

図 3.24　ペイント 3D での作図

3.3　クイズ教材を作ろう

3.3.1　○×クイズの作成

【例題 3.5】　スライドの背景などを適切に選択して，**図 3.25** のような画像の入った○×クイズを作成せよ。1 枚目のスライドは「問題」，2 枚目のスライドは PowerPoint の「終了」，3 枚目のスライドは「正解」，4 枚目のスライドは「不正解」とする。また，1 枚目のスライドのボタンは，正解のときに 3 枚目，不正解のときは 4 枚目のスライドに移るようにせよ。ただし，本文や図面を引用した場合には，それを引用した箇所などの出典を示しておく（付録 2 参照）。

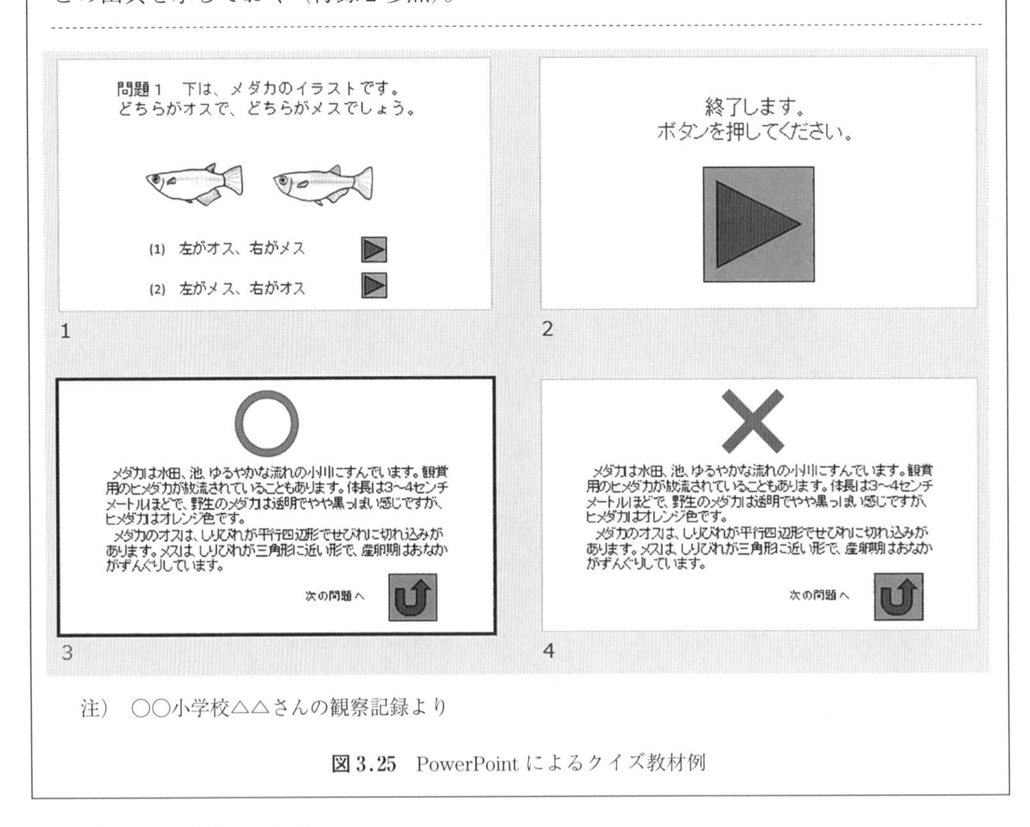

注）　○○小学校△△さんの観察記録より

図 3.25　PowerPoint によるクイズ教材例

〔1〕　スライド教材の構成

このクイズ教材を作成するには，**表 3.1** に示すような問題の要素が必要となる。

クイズ教材の構成を**図 3.26** に示す。「問題」のスライドは，問題文，解答 1 と解答 2，および画像からなる。つぎの「終了」のスライドは，最終問題のつぎにあり，スライド内のボタンを押すとプレゼンテーションが終了する。問題が多数ある場合は，問題の数だけ「問

表 3.1　問題の要素

構成スライド	説　明
問　題	問題文
画　像	問題を補助する画像
解答 1	問題の解答で，2 択の選択肢
解答 2	
解　説	問題に関する解説文

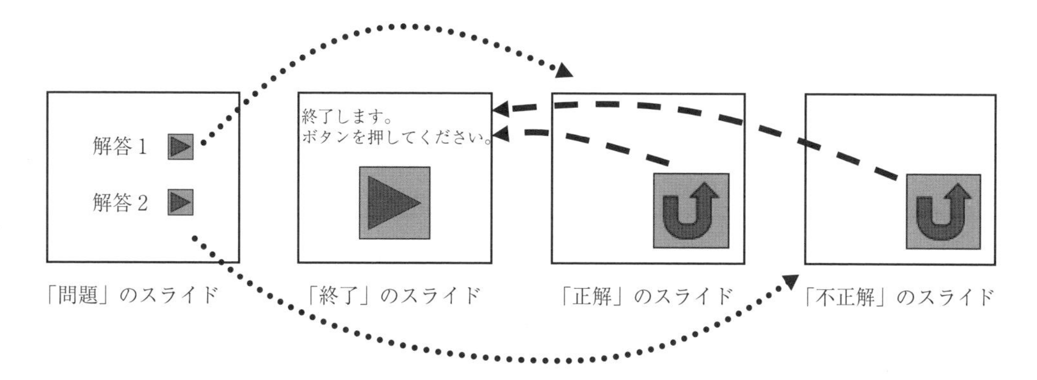

図 3.26　PowerPoint によるクイズ教材の構成

題」スライドを作成する。

「正解」「不正解」のスライドは，正解なら○，不正解なら×を表示し，同時に問題の解説も表示する。「正解」「不正解」のスライドも「問題」のスライドと同様，問題に対応する数が必要である。これらのスライドは，図 3.26 に示す矢印のように関連付けされており，「問題」のスライドで正解のほうのボタンを押すと，「正解」のスライドに移動し，不正解のボタンを押すと，「不正解」のスライドに移動する。また，「正解」「不正解」のスライドには，つぎの問題（あるいは，終了）へ移動するボタンがある。

〔2〕　スライドの作成

つぎに，それぞれのスライド作成の手順を示す。まず，「問題」「終了」「正解」「不正解」の 4 枚のスライドの文書の箇所および画像の部分を作成する。

（1）　最初の「問題」スライドに，問題文，解答 1，解答 2 の文書を記入する。

（2）　「問題」スライドに，画像（この場合は，メダカのイラスト）を挿入する。

（3）　2 番目の「終了」スライドに，説明文を記入する。

（4）　3 番目の「正解」スライドに，解説文を記入する。

（5）　4 番目の「不正解」スライドは，解説文が同じであるので，3 番目の「正解」スライドをコピーして貼り付ける。

（6）　スライドのコピーは，コピーしたいスライドを選択して，［ホーム］タブの［クリップボード］グループの［コピー］を選択する（**図 3.27**（a））。そして，つぎのスライドの位置でクリックしてから，［ホーム］タブの［クリップボード］グループの［貼り付け（貼り付け先のテーマを使用）］を選択する（図（b））。

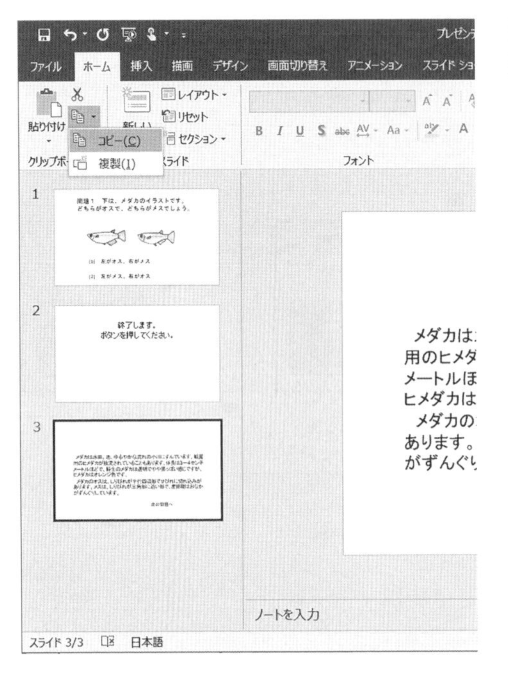

（a） コピー

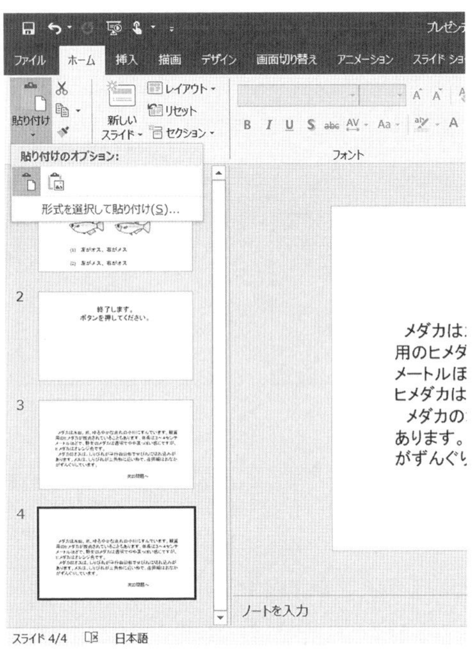

（b） 貼り付け

図 3.27　スライドのコピー

〔3〕「○」「×」**画像の挿入**

つぎに，3 番目の「正解」スライドに「○」，4 番目の「不正解」スライドに「×」を貼り付ける。「○」「×」の画像については，「基本図形」を利用して，つぎの手順で作成する。

（1）［挿入］タブの［図］グループの［図形］を選択する。

（2）「基本図形」から［円：塗りつぶしなし］を選択して，「○」を描き（**図 3.28**（a）），スライドに貼り付ける（図（b））。画像の大きさ（サイズの箇所で調整），円の線の太さを調整する。なお，線の太さは，黄色の■の箇所を移動させると調節できる。

（3）つぎに，「×」については，「基本図形」の［十字形］を選択して十字を作成する。その図形を 45 度回転させて「×」を作成する。線の太さは，黄色の■の箇所を移動させて細くする。

（4）「×」の画像を選択して右ボタンを押す。［図形の書式設定］を選択して（図（c）），「図形」のオプションの「塗りつぶし」と「線」で，色を赤に変更する（図（c））。

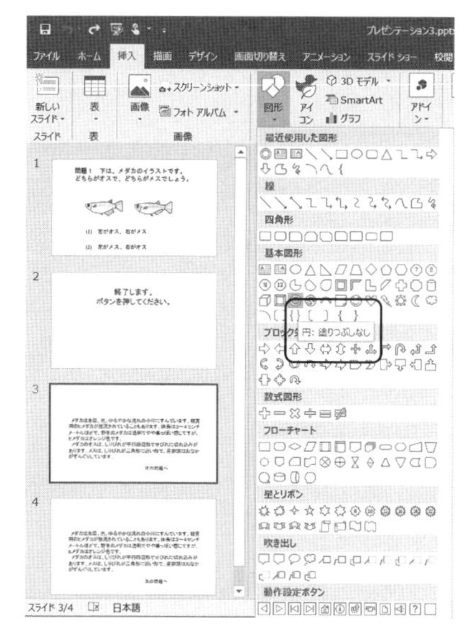

（a） 基本図形「円：塗りつぶしなし」の選択

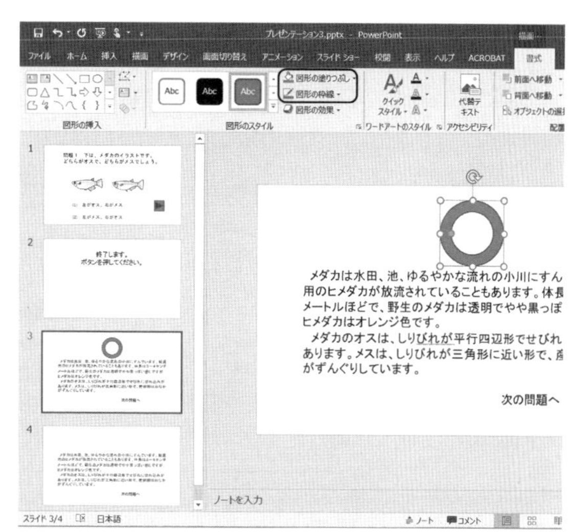

（b） 基本図形「円：塗りつぶしなし」の貼り付け

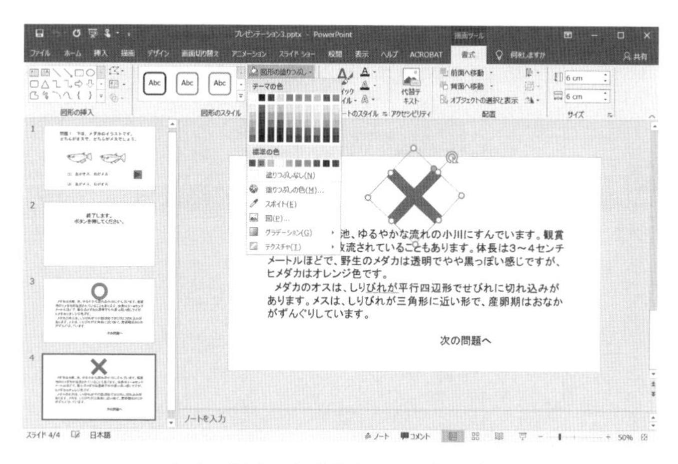

（c） 図式の書式設定による色の変更

図 3.28 「基本図形」による「○」「×」の作成

3.3.2 ハイパーリンクの作成

〔1〕 動作ボタンの設定

つぎに，スライドをハイパーリンクさせるために，動作ボタンをつぎの手順で設定する。

（1） 「問題」のスライドで，［挿入］タブの［図］グループから［図形］を選択して，最下段の［動作設定ボタン（進む/次へ）］を選択し（**図 3.29**（a）），動作ボタンを作成する。

（2） ［オブジェクトの動作設定］ダイアログが表示されるので，ハイパーリンクするための［スライド］を選択する（図（b））。ここでは「正解」スライドの［スライド 3］

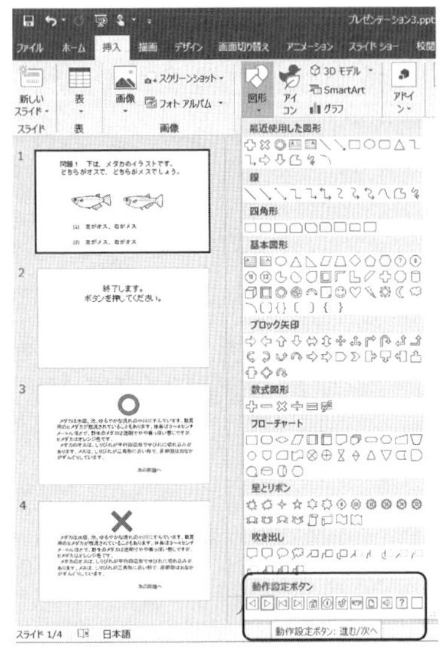

（a）［動作設定ボタン］の選択

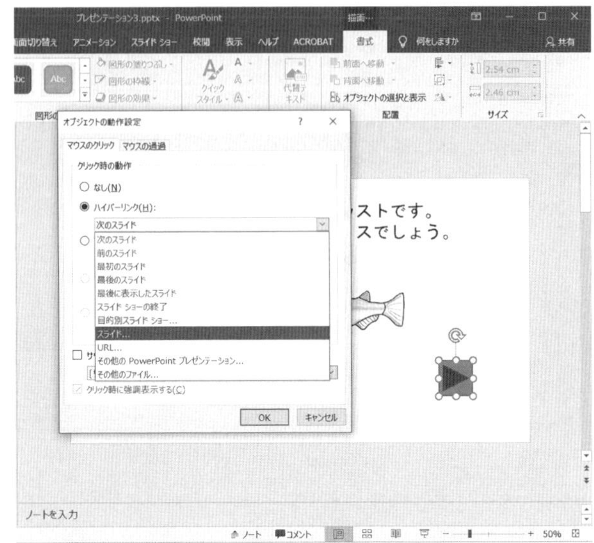

（b）［オブジェクトの動作設定］ダイアログ

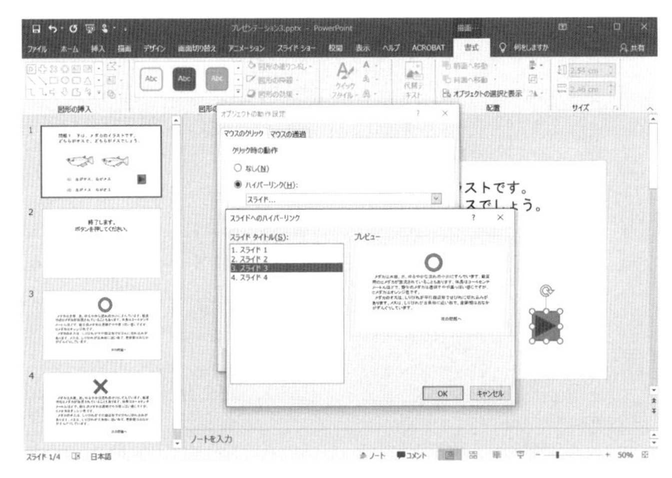

（c）［スライドへのハイパーリンク］ダイアログ

図 3.29　スライドのハイパーリンクの設定

を選択する（図（c））。

（3）　2番目の「終了」スライドでは，同様に［動作設定ボタン］を選択して，終了のためのボタンを作成する。［オブジェクトの動作設定］ダイアログでハイパーリンクの［スライドショーの終了］を選択する。なお，ボタンの色は，「問題」スライドのボタンと色を変えておく。

（4）　3番目の「正解」スライドと4番目の「不正解」スライドでは，同様に［動作設定ボタン］を選択して，「戻る」ボタンを作成する。そして，つぎの「問題」へハイパーリンクをする。なお，ボタンの色は，「問題」や「終了」スライドのボタンの色と変えておくとよい。

なお，スライドにURLのリンクを付けた場合は，PowerPointの実行画面でURLの箇所にカーソルを移動すると，ポインタの形状が変わり，インターネットに接続されていれば，そのWebサイトに接続される。

〔2〕 **効果音の挿入**

> **【例題3.6】** 例題3.5で作成したクイズ教材の「正解」スライド，「不正解」スライドに，正解，不正解に対応した適切な音を鳴らせ。

サウンドの設定は，つぎの手順で行う。ここでは，「正解」のスライドで説明する。

（1）「問題」のスライドにおいて，「正解」の動作ボタンを選択する。

（2）［挿入］タブの［リンク］グループの［動作］を選択して，［オブジェクトの動作設定］ダイアログを開く（もしくは，図を選択して，右クリックで［リンクの編集］を選択する）。［オブジェクトの動作設定］ダイアログが表示される（**図3.30**（a））。［サウンドの再生］にチェック（✓）を入れて，「正解」に対応させた適切な音（ここでは，［喝采］）を選択する（図（b））。

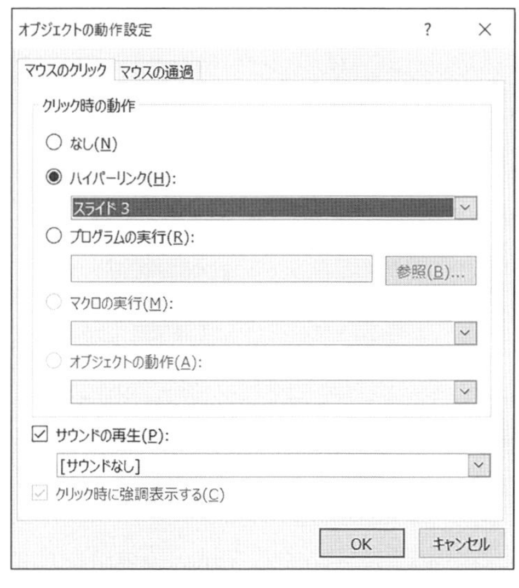

（a）［オブジェクトの動作設定］ダイアログ

（b）サウンドの選択

図3.30 サウンドの選択

（3）「不正解」のスライドにおいても，同様に「不正解」に対応させた適切な音を選択する。

3.3.3　穴埋めクイズの作成

【例題 3.7】　アニメーションの機能を利用して，**図 3.31**（a）に示す問題文が表示されたのち，クリックすると図（b）に示す解答が表示されるスライド（「確認問題」スライド）を例題 3.5 の「問題」スライドのつぎに追加せよ。

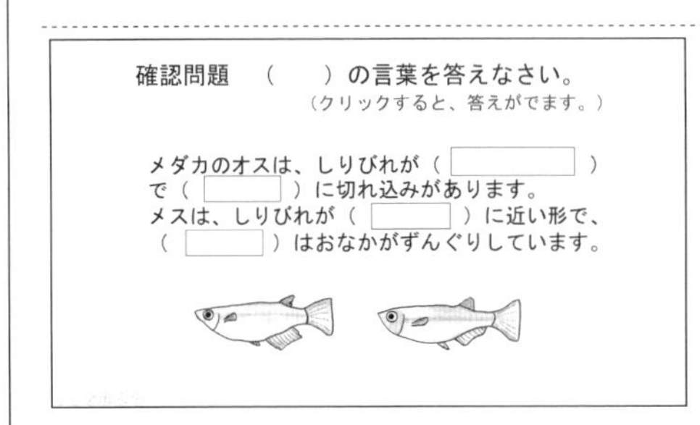

（a）　問題文

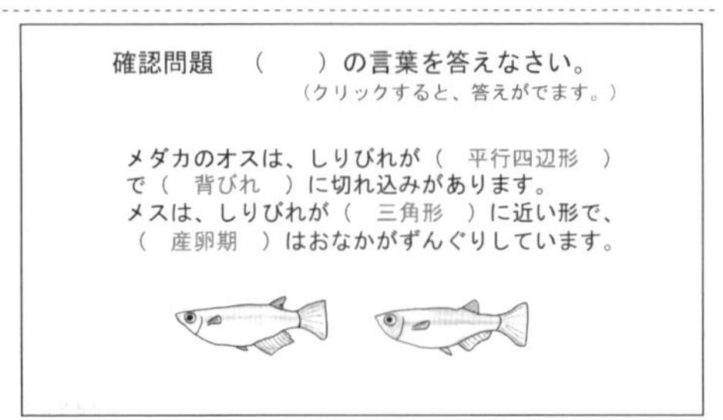

（b）　解答の表示

図 3.31　練習問題を追加したクイズ教材

つぎの手順で，追加の「確認問題」のスライドを作成する。

（1）　図 3.31（a）に示されたような穴埋めの問題文を作成する。また，解答に当たる箇所を問題文の色と異なる色（ここでは，赤色）で作成する。

（2）　穴埋めの文字の箇所の上に，「図形」の四角形を貼り付ける（図（a））。

（3）［アニメーション］タブの［アニメーメーション］グループの中から［フェード］を選択し，クリックすると消える（答が表示される）ようにする（図（b））。

（4）　スライドの作成が終われば，「正解」「不正解」スライドは，この「確認問題」スライドへハイパーリンクさせる。また，「問題」「終了」スライドについても，スライド番号が変更されているので，動作設定ボタンのハイパーリンクの箇所を変更しておく。

〈情報モラル学習教材〉

実際の学習指導では児童・生徒に各教科に関連する問題を 1 問ずつ作成させて，グループで一つの学習教材を完成させる指導が考えられる。**図 3.32** に例を示す[6)]。

1

2

3

4

図 3.32　情報モラルの学習教材

演　習　問　題

（1）　3.1節末ページの「スライド作成の注意事項」をスライドにせよ。**図3.33**に作成例を示す。

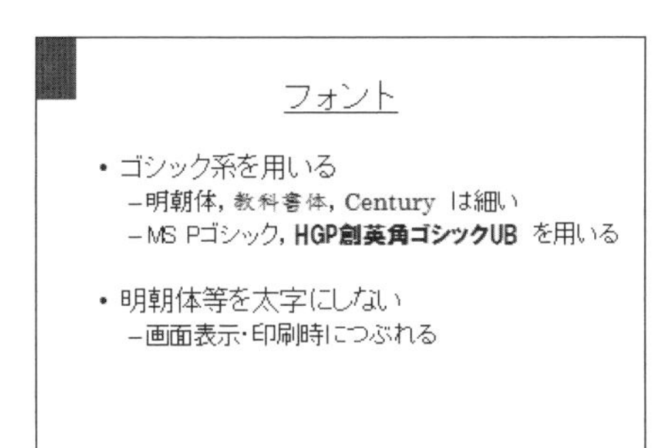

（a）フォント

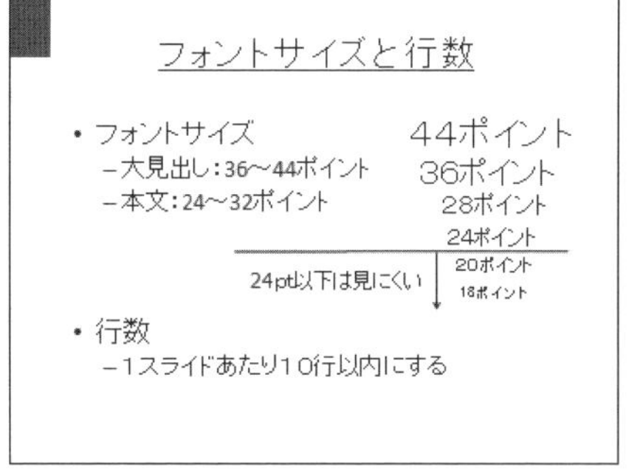

（b）フォントサイズと行数

図3.33　スライド作成の注意事項

（2）　**図3.34**に示すような教材「ゾウ，ライオン，パンダがいます。それぞれ何頭いるでしょうか？」に対して，アニメーション軌跡を使って，わかりやすく表示するスライド作成せよ。ただし，ゾウ，ライオン，パンダは，それぞれ1回のクリックで同時に動くようにする（スライド画面に，グリッドを表示しておくと作成しやすい）。

（a）問題スライド

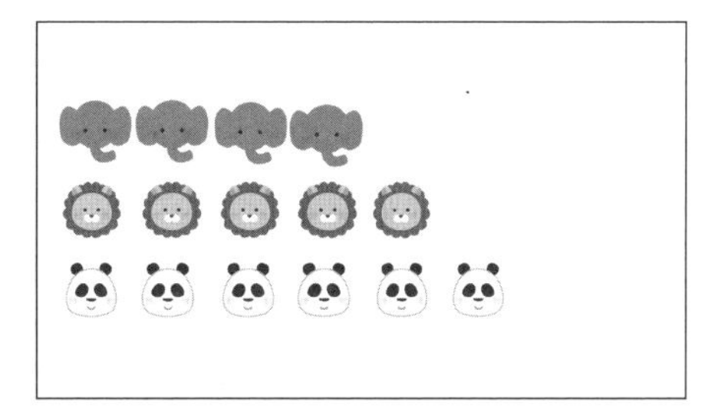

（b）説明スライド

図3.34　算数の教材

（3）　**図3.35**に示す青，灰色，赤の球がある。つぎのようなアニメーションを付けよ。

左の青い球が左から現れ，真ん中の灰色の球にぶつかると，右の赤い球が右にはじかれるアニメーション。なお，設定方法は，**表3.2**のようにする。

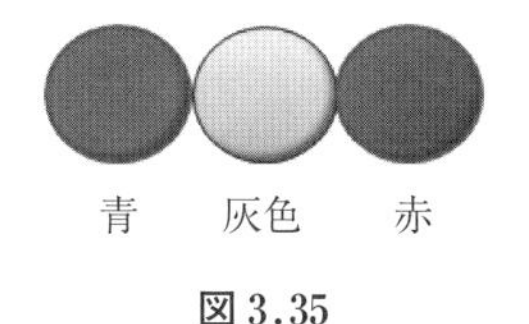

図3.35

表3.2　設定方法

順　番	分類	名　前	効果のオプション	開始のタイミング
①青い球	開始	スライドイン	左から	クリック時
②赤い球	終了	スライドアウト	右へ	直前の動作のあと

（4）　3.2節のアニメーション（電子絵本）で，動物をパンダ，カバなどに変えて作成せよ。

（5） **図 3.36** のようなクイズ教材（一部）で，間違えば，もう1回やりなおすように「正解」「不正解」のスライドを作成して教材を完成させよ。

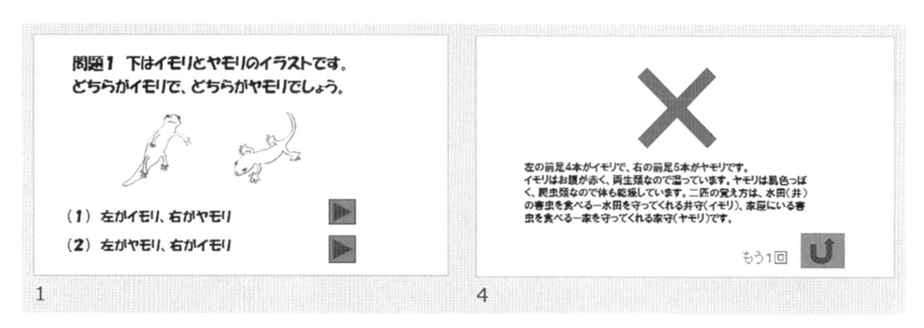

図 3.36　クイズ教材

（6） **図 3.37** を参考にして，各教科で利用する説明図などのスライドを作成せよ。

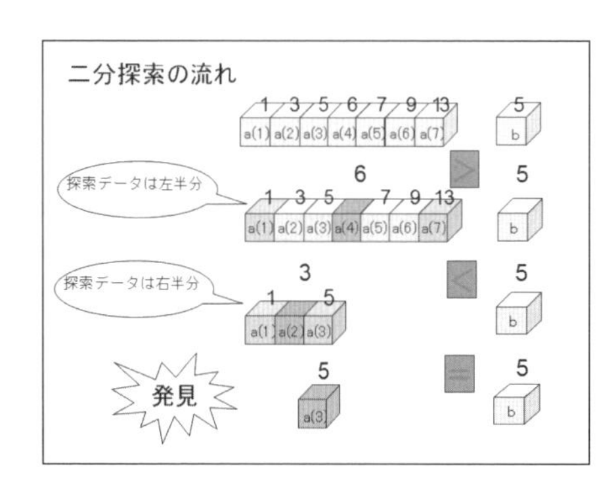

（a） 高校情報の例：二分探索

（b） 高校生物の例：メンデルの法則

図 3.37　説明教材例

（7） 4.3節で利用する算数科の授業用スライド（**図 3.38**）を作成せよ。

㋐赤いトマトの平均を考えます。

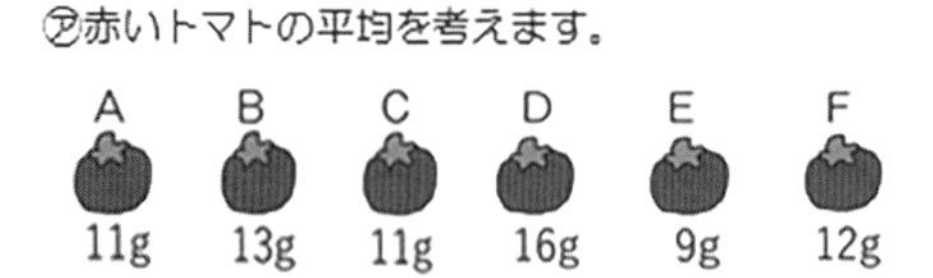

一番軽いトマト9gを基準に，他のトマトがどれだけ重いのかを考えます。この差の平均は，
（2+4+2+7+0+3）÷6=3

この3gを基準にしたトマトの重さ9gに足すと，
9+3=12

㋐のトマトの重さの平均は12gになります。

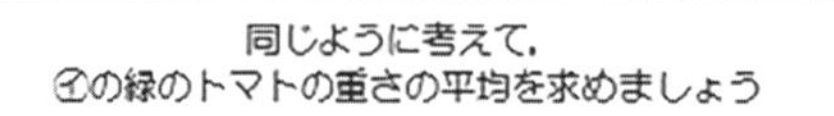

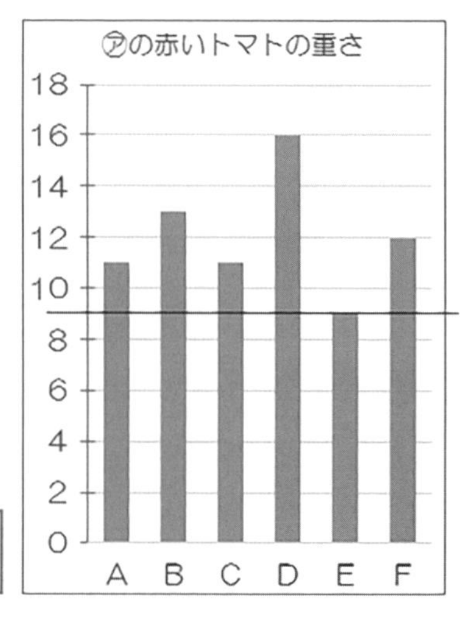

図 3.38　算数科の授業用スライド

4. ビデオ教材

本章では，スマートフォンやデジタルビデオカメラを用いて撮影した画像や動画をWindows フォトで編集して教育活動の記録をビデオアルバムとして残す方法，PowerPointのスライドと音声を組み合わせて動画教材を作る方法，Web 上にある学習コンテンツを教材として活用する方法について学ぶ。

4.1 写真や動画からビデオアルバムを作ろう

4.1.1 ビデオアルバムの作成

【例題 4.1】 修学旅行で沖縄を訪れた際に撮影した画像を Windows フォトで読み込み，ビデオアルバムを作成せよ（**図 4.1**）。

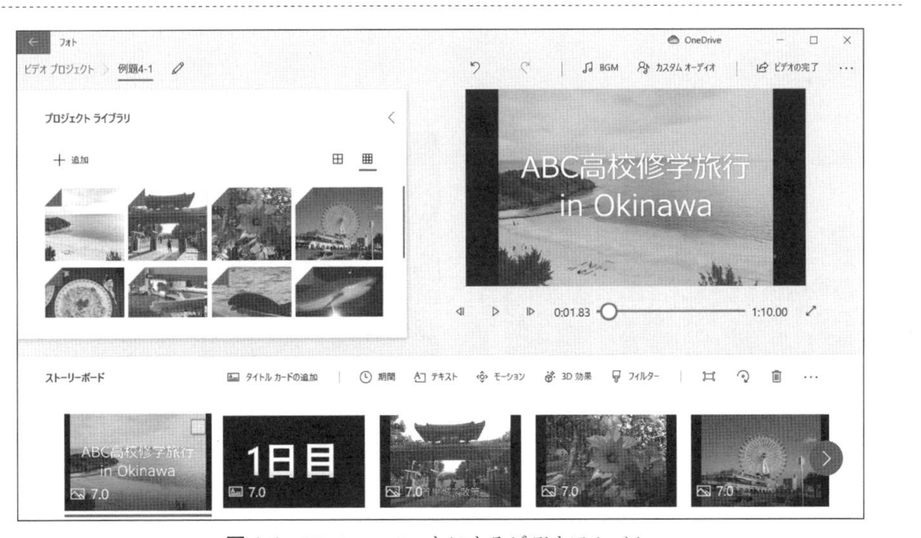

図 4.1 Windows フォトによるビデオアルバム

Windows フォトは，画像や動画，音声等を素材として動画を作成する簡易な動画編集ソフトウェアであり，編集した動画を MP4 形式で保存することができる。Windows フォトによる動画編集に関して，ここでは，つぎの事柄について取り扱う。

（1） 素材（画像・動画）の読み込み

（2） 文字情報（タイトルカード・テキスト）の追加

（3） 画像再生時間の設定，カメラモーションの追加

（4） 音声（BGM）の追加

（5） 完成した動画の書き出し

4.1.2 素材の読み込み

Windows フォトで編集するための素材の読み込みは，つぎのとおり行う。

（1） 起動画面のメニューバーにある［ビデオエディター］（もしくは，［ビデオプロジェクト］）を選択し，さらに［新しいビデオプロジェクト］を選択すると，［ビデオの名前を指定（新しいビデオ）］のダイアログが表示される。

（2） ［プロジェクトライブラリ］の［追加］ボタンをクリックし，［この PC から］を選択し，保存されているフォルダから取り込みたい画像を選択する。

（3） Ctrl キーを押しながら読み込む素材をクリックすると複数ファイルを同時に選択でき，Ctrl キー＋A を押すと，すべてのファイルを選択できる。

（4） ［開く］ボタンをクリックすると，選択した画像が，左上のプロジェクトライブラリに追加される（**図 4.2**）。

図 4.2　素材（画像）の取り込み

4.1.3　素材の編集と再生

図 4.2 では読み込んだ素材は画像だけであるが，動画も同じように取り込める。読み込んだ画像や動画を選択し，下部のストーリーボードにドラッグすることで，ストーリーボードに素材が並ぶ。ストーリーボードに読み込んだ素材は，左から右へと順に再生されるので，素材の再生順を変更したい場合は，ストーリーボード上でドラッグし移動させることで変更できる。動画の場合には，トリミングの継続時間を設定することができる。

誤って必要のない素材を配置した場合には，該当の素材を選択して Del キーを押すか，マウスを右クリックしてショートカットメニューから［この写真を削除］を選ぶ。ストーリーボードに配置された画像は，プロジェクトライブラリ上では，画像の左上隅が折れている（**図 4.3**）。なお，配置された画像を回転させたい場合は，その画像を選択し，［回転］をクリックすることで希望する配置に変更することができる。

図 4.3　ストーリーボードに配置された画像

ストーリーボードに配置された画像には，再生時間の数字（秒）が表示されている。画像を選択し，ストーリーボードの［期間］から，表示させたい時間を変更できる。図 4.3 で 1 秒に設定されている期間を 7 秒に変更する。

素材がどのように再生されるかは，図 4.3 右上のプレビューモニタの再生ボタンで確認できる。ビデオの総時間を表す数字の横には，全画面表示をするボタンがある。現在の再生位置は，プレビューモニタに○印と，ストーリーボード上の素材の下に青い直線で表示される。

4.1.4　特殊効果の追加と BGM の挿入

素材を右から左に移動したり，拡大縮小したりするような効果をストーリーボードの

［モーション］で追加することができる（**図 4.4**）。

また，素材の画像や動画をセピアトーンの色調に変えることもできる。視覚効果を追加したい素材を選択し，ストーリーボードの［フィルター］から設定することができる。

BGM を挿入する場合は，メニューバーにある［BGM］から選択すると自動的に調整される（**図 4.5**）。独自の BGM や音声などのオーディオファイルを追加する場合は，メニューバーにある［カスタムオーディオ］を選択する。音声は，Windows 10 付属のボイスレコーダで録音すると，MPEG-4 オーディオファイル（拡張子 m4a）になるので，簡単に挿入できる。

図 4.4　素材の［移動および拡大］効果

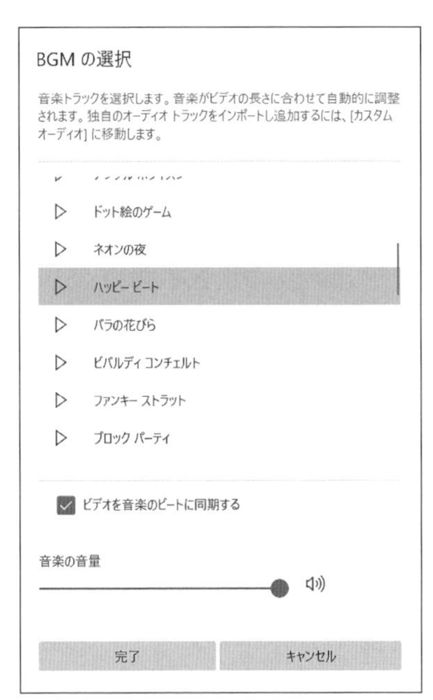

図 4.5　BGM の挿入

4.1.5　文字情報の追加

ストーリーボードの必要な箇所にタイトルカードを挿入することができる。タイトルカードは文字が挿入できるスライドで，背景色や，挿入するテキスト内容，スタイル，レイアウトを自由に設定することができる。タイトルの追加は，つぎの手順で行う。

（1）ストーリーボードにある［タイトルカードの追加］をクリックすると，現在選択されている素材の前に背景が黒色の画像が挿入される（**図 4.6**）。

（2）挿入されたタイトルカードを選択し，ストーリーボードの［テキスト］をクリックする。テキスト内容を入力し，アニメーション化されるテキストのスタイルとレイアウトを選択する。

（3）［背景］タブからは，背景色を変更することができる。プレビュー画面で確認をし

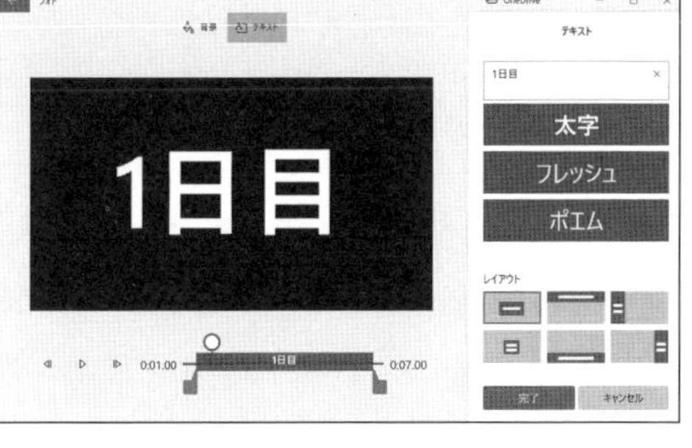
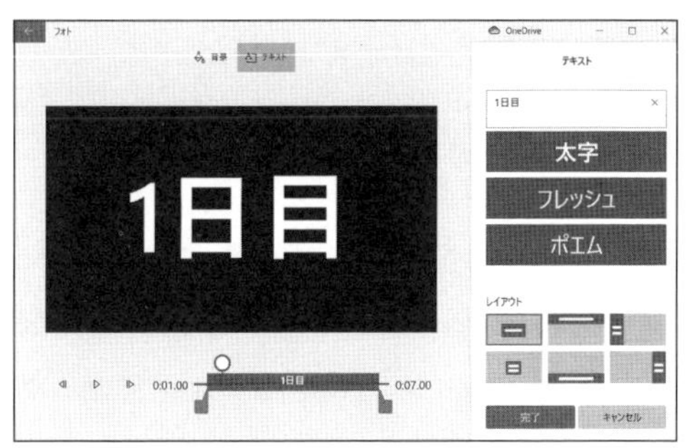

図 4.6　タイトルの追加

図 4.7　キャプションの追加

ながら選択することができる。

キャプションとは，素材の説明のために付け加えられた文字情報のことである。素材の上にテキストを入れることができる。キャプションの作成は，つぎの手順で行う。

（1）　素材を選択して，ストーリーボードにある［テキスト］をクリックする。

（2）　タイトルカードと同様に，テキスト内容を入力して，テキストスタイル，レイアウトを選択する（**図 4.7**）。

4.1.6　ビデオの保存

Windows フォトで編集した内容をプロジェクトとして保存する場合は，画面右上の…を開いてから［プロジェクトのバックアップ］を選択し，ダイアログボックスからファイル名を入力して保存する（**図 4.8**）。なお，プロジェクト内容は，ファイルの拡張子 vpb で保存

図 4.8　プロジェクトのバックアップ

される。

また，このバックアップしたプロジェクトを読み込む場合は，ビデオエディターの「新しいビデオプロジェクト」の…を開いてから「バックアップのインポート」を選択する。ダイアログボックスからファイル名を選択し，読み込み編集することができる。

編集作業が終われば，最終的なビデオの形式に出力する。メニューバーの［ビデオの完了］（図4.8参照）をクリックすると，「ビデオの完了」のダイアログが表示される（**図4.9**）。解像度に合わせて高（1 080 p），中（720 p），低（540 p）の三つのビデオ画質でエクスポートされ，MP4形式（拡張子mp4）で保存することができる。

図4.9　ビデオの保存

なお，Windowsフォトで作成した動画のファイルサイズは，もちろん，保存するビデオの画質によって異なるが，画像のファイル形式やサイズによっても異なる。作成した動画ファイルが大きい場合は，画像サイズを小さくしておくことも必要である。Windows付属のペイントやペイント3Dなどを利用すれば，画像サイズを小さく加工することができる。

〈画像や動画のパソコンへの取り込み〉

デジタルカメラやスマートフォンで撮影した画像や動画のパソコンへの取り込みについては，デジタルカメラの専用ケーブルを利用する，記録メディアをメモリカードリーダで読み込む，Wi-Fi機能を使って転送するなどいくつかの方法がある。

デジタルカメラやスマートフォンの専用ケーブルで接続した場合，撮影した画像や動画は，メーカーに依存する専用フォルダから画像や動画を選択し，そのファイルをパソコンの保存したいフォルダにドラッグすれば，コピーされて保存できる。

なお，デジタルカメラなどUSB端子に接続されているハードウェアを切り離すときは，Windowsのタスクバーにある USB の形状をしたアイコン（「ハードウェアの安全に取り外してメディアを取り出す」）を選択して，マウスの右ボタンをクリックし，現在接続されているメディアから切り離したいメディアを選択し，ハードウェアを取り外す。

〈**Windows で利用できるファイル形式**〉

Windows 10 で利用できる画像や動画，音声のおもなファイル形式は，**表 4.1** のとおりである。

表 4.1 おもなファイル形式

種類	ファイル形式	拡張子
画像	JPEG 写真ファイル	jpg，jpeg
	TIFF ファイル	tif，tiff
	GIF ファイル	gif
	ビットマップファイル	bmp
	PNG ファイル	png
動画	Windows Media ビデオファイル	wmv
	Apple QuickTime ムービーファイル	mov
	AVI ファイル	avi
	MPEG-4 ビデオファイル	mp4
音声	Windows Media オーディオファイル	wma
	Wave オーディオファイル	wav
	MPEG-4 オーディオファイル	m4a
	MPEG-3 オーディオファイル	mp3

〔https://support.microsoft.com/ja-jp/help/4479981/windows-10-common-file-name-extensions より編集〕

〈**記録画素数**〉

デジタルカメラやスマートフォンの記録画素数は向上してきており，**表 4.2** に，記録画素数と印刷する際の目安となるサイズを示す。高精度の写真印刷にする場合には，デジタルカメラの記録画素数を大きくして撮影する必要があるが，電子メールの添付画像や Web に掲載する画像として使用するのなら，画像サイズ（記録画素数）の大きいファイルは適切ではない。デジタルカメラは複数の記録画素数を選択できるので，用途に合わせて選択しておくことも必要である。

表 4.2 記録画素数と印刷の目安

画素数の概数	記録画素数	印刷の目安
1 600 万画素	4 608×3 456（15 925 248）	A2 サイズ程度までの印刷
1 000 万画素	3 648×2 736（9 980 928）	A3 サイズ程度までの印刷
600 万画素	2 816×2 112（5 947 392）	A4 サイズ程度までの印刷
400 万画素	2 304×1 728（3 981 312）	A5 サイズ程度までの印刷
200 万画素	1 600×1 200（1 920 000）	L 判，ハガキサイズ程度までの印刷

4.2 スライド資料を動画教材にしよう

4.2.1 スライド資料の作成

【例題 4.2】 **図 4.10** は，ある中学校のホームページに紹介された写真である。この写真と説明文を利用して，PowerPoint によるスライド資料を作成せよ。また，この写真の説明文を参考にしたナレーションを挿入せよ。

〈ゴーヤの説明文〉

写真①　今年も始まりました『ゴーヤ栽培』みどりのカーテンになるように大事に育てます。今年もゴーヤの実が大きくなりますように！

写真②　花壇ではゴーヤの花が咲きました。この夏もいっぱい実をつけてくれることでしょう。

（a）写真①

（b）写真②

図 4.10　ゴーヤの写真

まずは，PowerPoint でスライド資料を内容に応じて作成する。スライドを作成する基本的な方法については，すでに3章で説明をしているので省略する。例題 4.2 では，**表 4.3** に示した内容でスライド2枚を作成することにする。

表 4.3　例題 4.2 におけるスライドの内容

	スライド1	スライド2
タイトル	ゴーヤの成長記録（1）	ゴーヤの成長記録（2）
内　容	つぎの3行と写真①を入れる。 ・今年も始まりました『ゴーヤ栽培』 ・みどりのカーテンになるように大事に育てます。 ・今年もゴーヤの実が大きくなりますように！	つぎの2行と写真②を入れる。 ・花壇ではゴーヤの花が咲きました。 ・この夏もいっぱい実をつけてくれることでしょう。

それぞれのスライドのノートペインに，音声を記録する際に原稿となる話したい内容をあらかじめ用意（ここでは，スライド1，スライド2の説明文）し，入力しておく（**図 4.11**）。ノートペインを選択した状態で，［表示］タブのズームで倍率を設定すると，ノートの文字サイズを変更することができる。

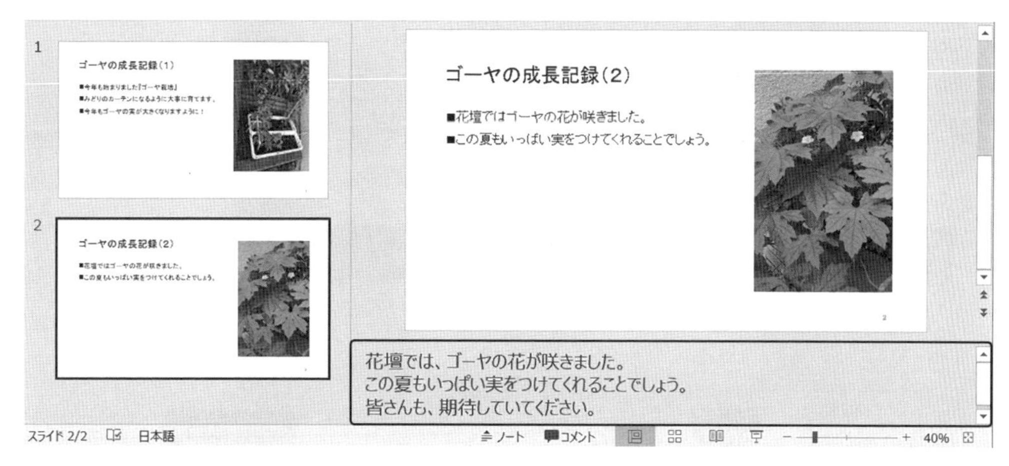

図 4.11 各スライドにおけるノートの入力

ここで，作成したスライドは適切なファイル名を付けて，一度保存しておく。

〈ノートペインの活用〉

ノートペインに記述された文字は，プロジェクターに投影された画面（スライドショー）には映らない。そこで，ノートペインに発表内容を記述しておき，プレゼンテーション発表（プレゼン発表）のときに利用することもできる。また，スライドを印刷する際に，印刷の設定［印刷レイアウト］からは，「フルサイズのスライド」「ノート」「アウトライン」の三つのレイアウトが選択できる。配布資料は，「フルサイズのスライド」を選択するが，「ノート」を選択すると，スライドとノートペインに記述された文字を同時に印刷することができる。このようにすると，自分用の資料としてプレゼン発表時にも利用できる。

〈画像の圧縮〉

スライド枚数が多いときや画像をたくさん貼り付ける場合は，最初より適切な画像サイズのものを用意することが必要であるが，PowerPoint に貼り付けた画像を圧縮することもできる。画像の圧縮は，つぎの手順で行う。

（1） 圧縮をしたいスライド内の画像を選択してから，「図ツール」「書式」をクリックし，「図の圧縮」を選択する（**図 4.12**）。

（2） 「画像の圧縮」ダイアログが表示されるので，圧縮したい「解像度」を選択する。

図 4.12 画像の圧縮

4.2.2 ナレーションの入力

つぎに，各スライドに音声（ナレーション）を記録する方法は，つぎの手順で行う。

（1） **図4.13**のとおり［スライドショー］タブから「スライドショーの記録」を選択し，「先頭から記録」を選択する。

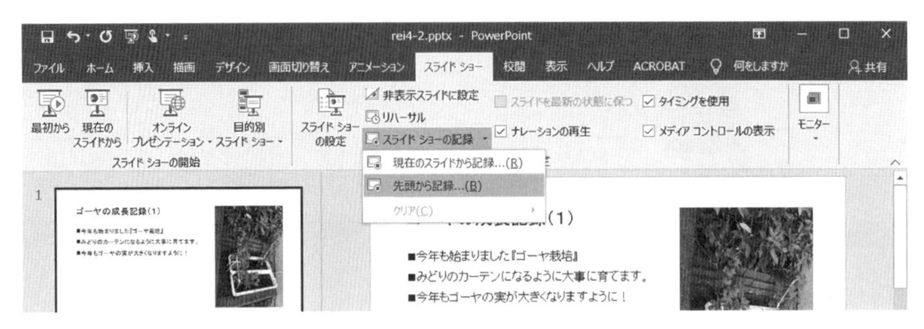

図4.13　スライドショーの記録

（2） ［記録の画面］が表示される（**図4.14**）ので，記録の開始ボタンを押して，音声を入力する。停止（■）ボタンで停止する。

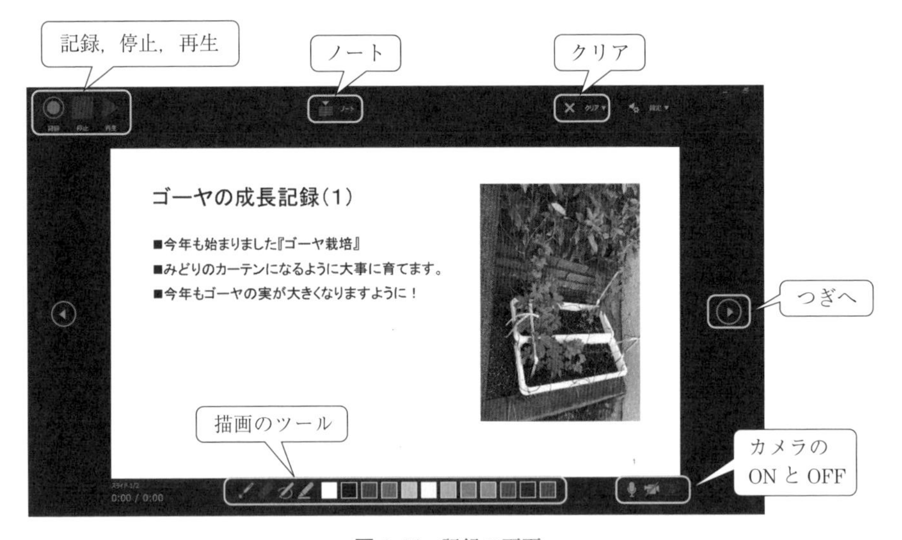

図4.14　記録の画面

（3） 音声が記録されると，各スライドの右下にスピーカのアイコンが表示される。

録音した音声を消去する場合は記録の画面からクリアを選択するか，［スライドショー］のタブから「クリア」を選択し，「現在（もしくは，すべて）のスライドのナレーションをクリア」で削除できる。

PowerPoint 2019では，スライドの記録は，図4.14に示す画面が表示され，ナレーションの記録ができる。画面の上部には，記録，停止，再生ボタンがあり，記録ボタンを押すと，カウントダウンの数字が表示され音声の録画ができる。音声の入力が済むと，右のボタン▶を押して，つぎのスライドに進む。音声の入力をやり直すときは，クリアボタン☒を押すと記録した音声を消去できる。音声を消去してから，もう一度入力をし直せばよい。なお，［ノート］を開くと，スライドのノートペインに書いた内容が表示される。

また，画面の下部には，スライドに線や文字を書いたり，ポインタで指し示したりできる描画のツールがあり，ナレーション入力の際に書き入れた内容も合わせて録画することができる。また，左下のカメラのON/OFFでは，ONに切り替えることにより音声入力をしている人物を表示させ録画することができる。すべてのスライドのナレーションが終われば，図4.13の画面から，PowerPointの編集画面に戻る。音声が記録されていると，スライドの右下にスピーカのアイコンが表示されるとともに，PowerPointのスライド一覧では録音された時間が表示される。

4.2.3 ビデオの作成

【例題4.3】　例題4.2に，**図4.15**のスイカの写真を追加したスライド資料を作成し，ナレーションを入力せよ。なお，このスライドも含めて全スライドに，スライドの画面を切り替える効果を入れて，ビデオを作成せよ。

〈スイカの成長の説明文〉

みのり学級の農園では，野菜やスイカが実をつけてきました。玄関のゴーヤもどんどん花が咲き，まもなく実をつけることでしょう。

図4.15　スイカの写真

スライドを切り替える際にさまざまな効果を付けることができる画面の切り替え設定は，つぎの手順で行う。

（1）［画面切り替え］タブを選択し，［画面切り替え］の中から，適切な効果（ここでは，ピールオフ）を選択する（**図4.16**）。

（2）［画面切り替え］タブにある［タイミング］の［期間］から，サウンドや画面切り替えを行う時間を変更できる。［タイミング］の［すべてに適用］を選択することで，全スライドを一括で設定することができる。

画面切り替えの効果が設定できれば，画面左側のスライド一覧で，それぞれのスライド番号の下に☆が表示されるのが確認できる。画面切り替えの効果を削除する場合は，［画面切り替え］から［なし］を選択する（図4.16）。なお，スライドを切り替えている最中は，音声（ナレーション）を記録することはできない。

図 4.16　画面切り替えの設定

スライドショーの記録が終了すれば，適切なファイル名を付けて保存しておく。つぎに，［ビデオの作成］で動画ファイルを作成する。ビデオの作成は，つぎの手順で行う。

（1）**図 4.17** に示す PowerPoint の［エクスポート］から［ビデオの作成］を選択する。

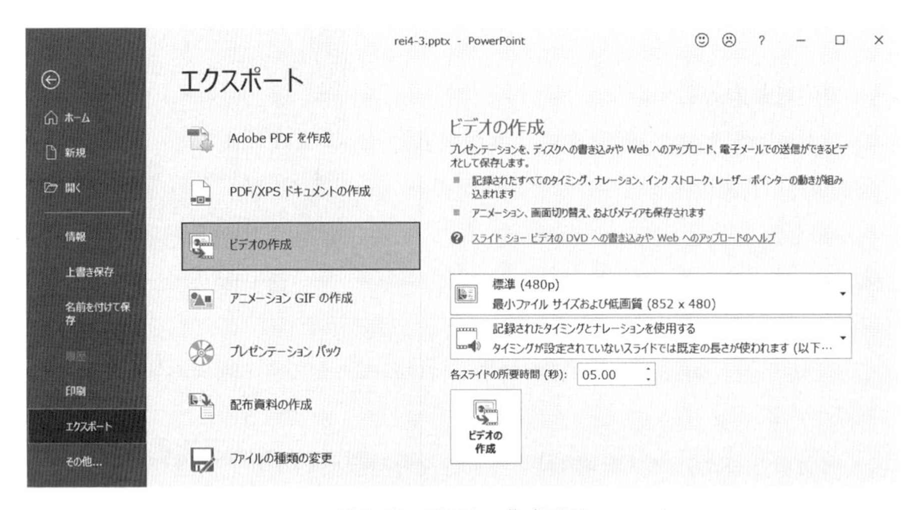

図 4.17　ビデオの作成画面

（2）画質は 4 種類から選択できるが，動画ファイルの容量を考えると標準（480 p）か，HD（720 p）くらいが適切である。

（3）すでにナレーションを記録しているので，［記録されたタイミングとナレーションを使用する］を選択する。

（4）そして，［ビデオの作成］をクリックし，保存場所のダイアログで保存先のフォルダとファイル名を指定すると，MP4 形式のビデオファイルが作成される。

4.3　授業で活用できる動画教材を作ろう

4.3.1　教科で活用できる動画教材

【例題 4.4】　小学 5 年生を対象とした算数科の授業で活用できる動画教材「平均の求め方」を作成せよ。なお，**図 4.18**（a）は，課題提示のスライドとし，図 4.18（b）はその解き方を解説した一枚目のスライドである。残りの解説を 2 枚で追加し，これら 4 枚のスライドに合わせた音声（ナレーション）を挿入せよ。

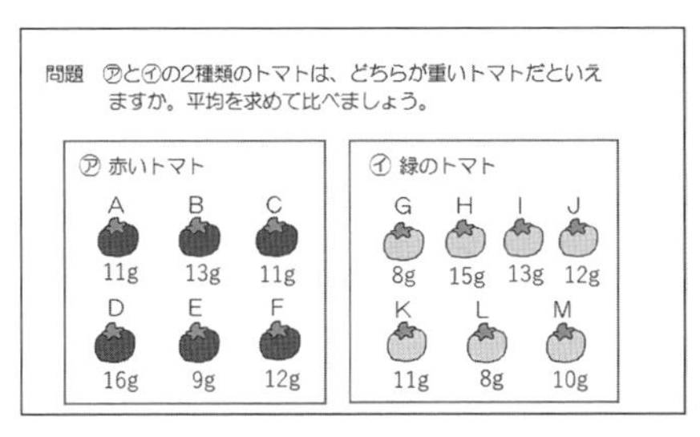

（a）　課題提示のスライド

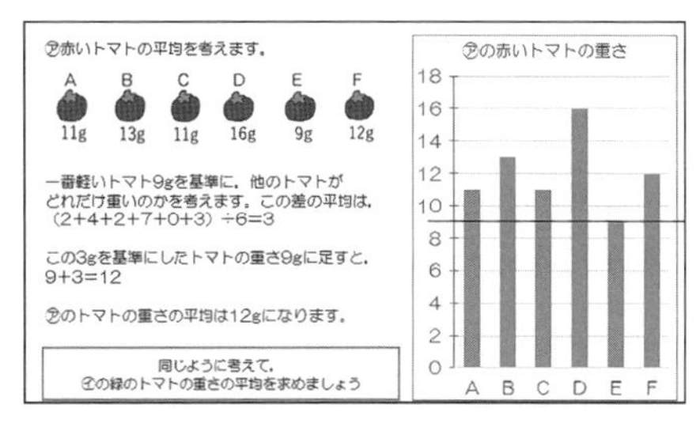

（b）　解き方の説明スライド

図 4.18　算数科の授業用スライド

《参考文献》　みんなと学ぶ小学校算数 5 年下，学校図書

〈スライド作成の考え方〉

例題 4.4 における解き方はいくつか考えられるが，図 4.18（a）は，その一つの解答例として示している。スライドの作成で，3 章で説明をしている方法については省略する。

図 4.18（b）のグラフは，2 章で説明している Excel のグラフ機能を用いて作成したグラフを貼り付けてもよいが，**図 4.19**（a）のように PowerPoint のスライド挿入時に中央に表示される「タイトルとコンテンツ」を利用してもよい。図 4.19（a）において，グラフの

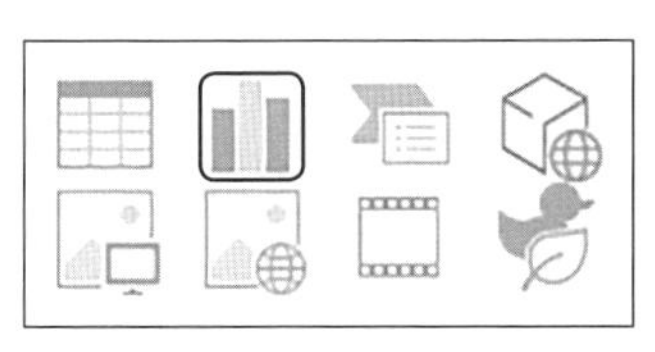

（a）　タイトルとコンテンツ

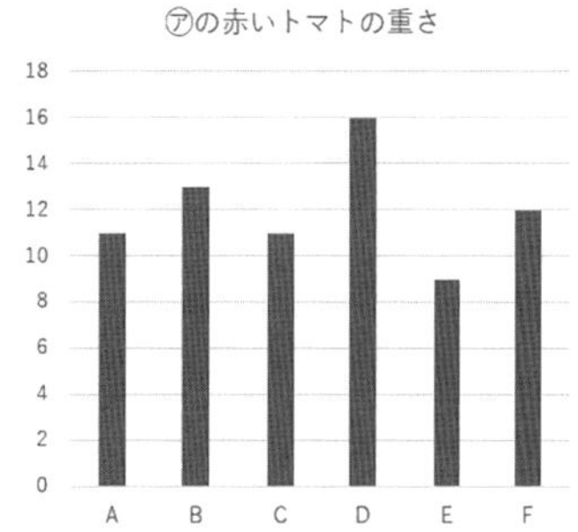

（b）　グラフ作成機能

図 4.19　PowerPoint によるグラフの作成

アイコンを選択し，グラフ機能を利用するとスライドの上でグラフを作成できる（図（b））。追加する解説スライドについては，3枚目のスライドは緑のトマトの平均についての解説，4枚目のスライドは，解答の確認，別の解き方の解説などが考えられる。

4.3.2　動画教材の作成手順と配慮事項

例題4.4では算数科の授業で活用できる動画教材の作成例を示したが，この例では，教材のねらいや活用方法などが課題の中にすでに設定されているため，あらためて取り上げて検討する必要はなかった。しかしながら，はじめから作成する際には，以下で述べる授業用動画教材のねらいと活用方法や作成の手順について，教育方法の観点から確認しておく必要がある。

〔1〕 授業用動画教材のねらいと活用方法

授業用動画教材を作成する際には，最初に，どのような教材にするのか学習する内容や対象，ねらいや活用方法について考える必要がある。ねらいには，作成した教材を視聴し学習することで学習者ができるようになることを設定する。

また，授業用動画教材には，さまざまな活用方法が考えられる。例えば，学習内容を解説し整理するための教材，グループワークなどの学習活動の手順について説明するための教材，あるいは，ファシリテーションガイドとして視聴しながら一緒に学習を進めるための教材などである。また，それらは授業内で活用するのか，それとも授業外の予習用や復習用として活用するのか，あるいは授業後に発展課題として活用するのかなどによって内容が異なるため，あらかじめ十分に検討しておく必要がある。

〔2〕 スライド資料の作成

授業用動画教材の作成の見通しがたてば（方向性が見えてきたら），教材の設定に合わせて PowerPoint でスライド資料を作成する。

授業用動画教材の活用方法にもよるが，学習内容を説明したり，解説するスライドのほかにも，課題を提示するスライド，学習者への問いかけや一時停止をさせるなどの指示を記したスライドなど，さまざまな形式が考えられる。授業時のどのタイミングでどのように利用するかを念頭に置き，スライドの内容や順番を決める。さらに，大事なことは，対象とする学習者にとって分かりやすく学びが深まる教材を目指すことである。

〔3〕 ナレーションの入力

各スライド資料がだいたい仕上がれば，音声記録をするための原稿を考える。原稿は，各スライドのノートペインを用いて作成しておくと音声入力をする際に画面に表示されるので話しやすい。ノートペインに話す内容を入力しながら学習の流れをイメージし，その過程でスライドの内容や順番を修正することができる。

〔4〕 **スライドショーの記録と保存**

話す内容を含めスライド資料が仕上がれば，切り替え効果などのタイミングを設定する。PowerPointにはさまざまな切り替え効果が用意されており，単調な授業用動画教材とならないように工夫することも大切である。つぎに，スライドショーの記録から各スライドに音声を記録する。最後は，ファイルのエクスポートからビデオ作成を選択し，動画ファイルに書き出しを行う。なお，作成した動画の再生時間やファイルサイズを確認しておくことも必要である。

授業用動画教材は，対面授業とは異なり学習者の反応を受け取りながら進めることができない。以上に述べたような授業用動画教材の作成手順と配慮事項に従いながら，この課題は理解できるだろうか，この説明は退屈しないだろうかなど，学習者がどのような反応を示すのかをイメージしながら作成する必要がある。

4.3.3　動画教材の開発と作成例

授業で活用できるスライド資料に音声を記録した授業用動画教材のねらいや枠組みを設計し，その設定したねらいや枠組みに基づいて教材を作成する。授業用動画教材のねらいや枠組みとして，「① 学習する内容と対象」「② 教材のねらいと活用方法」「③ 学習者が意欲的に，深く思考するための仕掛けや配慮」が挙げられる。

ここで作成する授業用動画教材については，再生時間が5分から10分程度とし，あまり長くならないようにする。また，画面の切り替え時間や思考するための一時停止などの指示は，学習者の立場に立ち学びが深まるように適切に用いることとする。なお，Web上の資料やデータ，書籍の一部を引用する場合は必ず引用先を明記することとする（付録2参照）。

【例題 4.5】　テーマはSDGs（エス・ディー・ジーズ）とし，中学校の授業で活用できる「SDGsとはなにか，SDGsの17の目標とはなにか」について学ぶ授業用動画教材を作成せよ。なお，SDGsについては下記のサイト内に示されている資料や動画を調べ整理し直しなさい。

《参考URL》　外務省　https://www.mofa.go.jp/mofaj/gaiko/oda/sdgs/about/index.html

例題4.5における授業用動画教材のねらいや枠組みとして，つぎの設定が考えられる。

① <u>学習する内容と対象</u>

社会科でSDGsとはなにかについて理解するため教材で，対象は中学生とする。

② <u>教材のねらいと活用方法</u>

SDGsの学習を通して，これからの社会を持続可能でより良いものにするための目標や課題を見つけ出すことを目指している。この教材はその導入段階に活用するもので，SDGs や SDGs の 17 の目標について理解することをねらいとし，授業内に一斉に視聴する。

③ 学習者が意欲的に，深く思考するための仕掛けや配慮

SDGs についてはWeb上にたくさんの資料や動画があるが，中学生にとっては内容が多く難しいテーマである。理解がしやすいように要点を抑え，わかりやすい説明を心掛ける。

図 4.20 に，授業用動画教材のスライドの一例を示す。スライド資料が作成できれば，ナレーションを記録し，動画ファイルに書き出しを行う。

持続可能な開発目標ＳＤＧｓエス・ディー・ジーズとは

- 2015年9月の国連サミットで採択された「持続可能な開発のための2030アジェンダ」にて記載された2030年までに持続可能でよりよい世界を目指す国際目標
- 17のゴール・169のターゲットから構成され，地球上の「誰一人取り残さない（leave no one behind）」ことを誓っている

- SDGsは発展途上国のみならず，先進国自身が取り組むユニバーサル（普遍的）なものであり，日本も積極的に取り組んでいる

外務省：https://www.mofa.go.jp/mofaj/gaiko/oda/sdgs/about/index.html

図 4.20　授業用動画教材の例（「SDGs とはなにか，SDGs の 17 の目標とはなにか」）

【例題 4.6】　教材のねらいや枠組みの設定を示し，その設定したねらいや枠組みに基づく授業で活用できる授業用動画教材を作成せよ。なお，テーマは，SDGs（エス・ディー・ジーズ）として，中学校で活用できる「SDGs についての考えを引き出す」授業用動画教材を作成することにする。

《参考 URL》　外務省　https://www.mofa.go.jp/mofaj/gaiko/oda/sdgs/about/index.html

例題 4.6 における授業用動画教材のねらいや枠組みとして，つぎの設定が考えられる。

① 学習する内容と対象

社会科で SDGs について自分の考えを整理するための教材で対象は中学生とする。

② 教材のねらいと活用方法

SDGs の学習を通して，これからの社会を持続可能でより良いものにするための目標や課題を見つけ出すことを目指している。この教材はその導入段階に活用するもので，SDGs の 17 の目標から学習者自身が優先的に取り組みたいものを選び，その理由が説明できることをね

らいとする。この教材は，SDGs とはなにかについて学んだ後に授業外に取り組む予習用であり，次回の授業では一人ひとりが考えたことを共有し意見交換を行うことを想定している。

③ 学習者が意欲的に，深く思考するための仕掛けや配慮

授業用動画教材では双方向のやり取りができないため集中力が続かない学習者がいると考える。そこで，この教材では学習者自身が資料を読んだり，考えたり，意見をまとめるなどのさまざまな学習活動を通して学びが深まるようにする。

図 4.21 に，授業用動画教材のスライド例と各スライドの概要を示す。

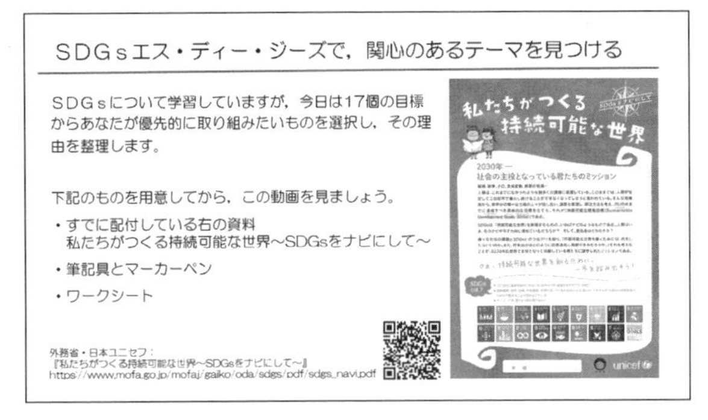

（a） スライド1

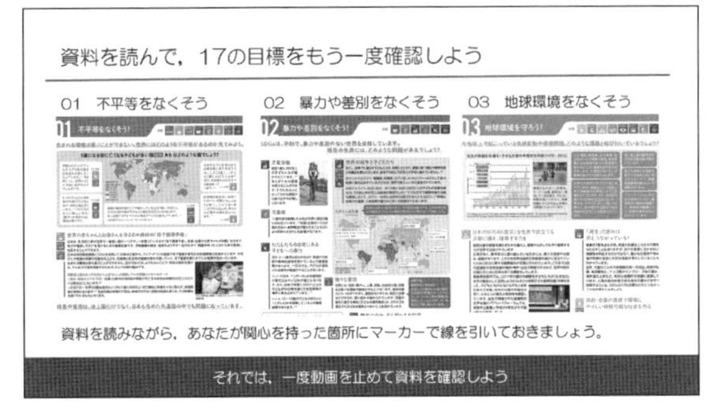

（b） スライド2

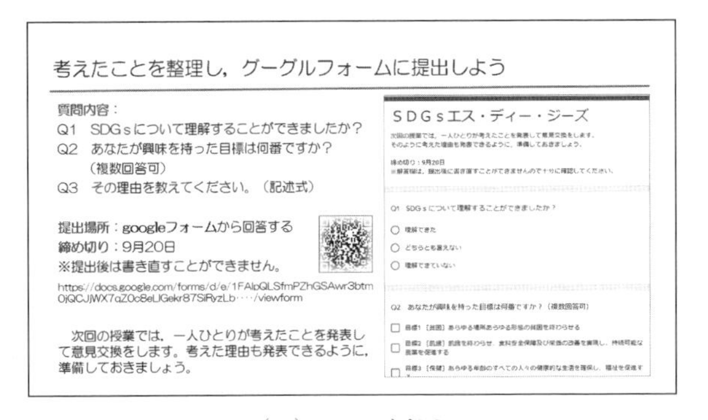

（c） スライド3

《スライドの概要》

スライド1：これから取り組む学習の概要や準備物について説明するスライドである。準備する資料はイメージがしやすいよう画像を貼り付けている。

スライド2：学習活動について説明するスライドである。その方法を示すとともに，一時停止をして学習を促す指示を書き入れている。該当する資料は，イメージがしやすいよう画像を貼り付けている。

スライド3：課題内容や提出に関する連絡事項を提示するスライドである。また，今後の学習へつなげるため次回の授業内容も簡単に知らせている。提出方法については，イメージしやすいように画像を貼り付けている。

図 4.21　授業用動画教材例（「SDGs についての考えを引き出す」）

〈QR コードの作成方法〉

QR コードは，Word や Excel 上で作成することができる。例えば，Excel の場合は，［開発］タブの［AxtiveX コンロトール］［コントロールの選択］の中から，「BarCode Control」に関するものを選択して，いったん，BarCode を作成した後に QR コードに変換し，作成することができる。付録 4 には，この方法のマクロプログラムを用意している。しかし，いずれの方法も難しいようであれば，Web 上には URL を QR コードに無料で変換できる Web サイトがあるので，これらを利用してもよい。

「QR コード」をキーワードにして検索をすると，数多くの QR コード作成サイトがヒットするので活用しやすいものを選択するとよい。QR コードに変換するための操作については，どの QR コード作成サイトでもほぼ同じである。

まずは，QR コードに変換したい Web サイトの URL をコピーして，QR コード作成サイトの指定された欄に貼り付け［OK］ボタンを押すと QR コードに変換される。つぎに，変換された QR コードを選択してコピーし，その画像を Word に貼り付ける。Word に貼り付けた後は，写真やイラストなどの画像と同じ扱いになるので，拡大したり縮小したり，自由に配置するために文字列の折り返しを前面にすることができる。

注）　QR コードは株式会社デンソーウェーブの登録商標である。

〈Google フォームでのアンケートの作成方法〉

図 4.21 のスライド 3 に示している課題では，Google フォームを用いて，アンケートを作成している。Google フォームを用いることで，オンラインのアンケートやテスト，授業の振り返りシートなどを簡単に作成することができる。

Google のアカウントがあれば，Google ドライブから［新規］－［その他］－［Google フォーム］を選択すると，アンケートの作成画面（無題のフォーム）が表示される。回答形式には，記述式のほかに，ラジオボタンやチェックボックス，プルダウンなどがある。また，質問文や回答項目に画像を追加することができ，さまざまに活用することができる。

学習者には作成したフォームの URL を知らせることにより，回答をすることができる。一人ひとりの回答はスプレッドシートで保存され，自動で集計される。集計された結果を見ながら学習者の理解度を確かめたり，他者の考えと比較したり，それを見ながら意見交換にも活用することができる。

なお，Google フォームは，5 章で紹介する Google Classroom 内からも作成，および活用することができる。

4.4　ワークシート教材を作ろう

4.4.1　QR コードを活用した教材の作成

インターネット上には，授業で活用できる Web サイトや学習コンテンツ，ビデオ教材がたくさんある。その中には無料で活用できるものがあり，それらを活用する方法の一つとして QR コードを用いたワークシート教材を作成する。

授業で活用できるワークシート教材を開発するために，教材のねらいや枠組みを設計し，その設定したねらいや枠組みに基づいて作成する。

ワークシート教材のねらいや枠組みとして，「① 学習する内容と対象」「② 教材のねらいと活用方法」「③ 学習者が意欲的に，深く思考するための仕掛けや配慮」「④ 活用する Web サイトの名称と URL」が挙げられる。なお，Web 上の資料やデータ，書籍の一部を引用する場合は必ず引用先を明記することとする（付録 2 参照）。

【例題 4.7】　つぎの ① から ④ に示す教材の設定を踏まえて，四字熟語を学ぶことができる QR コードを用いたワークシート教材を作成せよ。なお，印刷プリント形式で，Word 縦置き，A4 用紙で 1 枚とする。

① 学習する内容と対象

国語科における四字熟語に関するワークシート教材で，小学校の高学年を対象とする。

② 教材のねらいと活用方法

小学校に配当される漢字から構成される四字熟語の意味を確認し，四字熟語に合わせた例文を作ることができる。授業外に取り組む予習用として，本教材を活用するものとする。

③ 学習者が意欲的に，深く思考するための仕掛けや配慮

とっつきにくい四字熟語をクイズ形式にすることで学習者の学習意欲を高める。また，言葉の意味を調べるだけではなく学習した内容を活用して例文を作る活動を通して自ら思考し表現することで学びを深める教材とする。

④ 活用する Web サイトの名称と URL

Web サイトの情報を活用して学び，その学びを活かして思考できる教材であること。例えば，下記の Web サイトを活用する。

《参考 URL》　四字熟語辞典オンライン　https://yoji.jitenon.jp/

例題 4.7 におけるワークシート教材は選択する四字熟語や解答のパターンからさまざまなものが考えられるが，その中の一つの解答例を**図 4.22** に示す。解答例に示したワークシート教材は，Word の基本的な機能で作成することができる。図 4.22 に作成のヒントとなるキーワードを入れておく。また，QR コードの作成方法については，4.3 節のコラムを参照する。

四字熟語を完成させよう！

□に入る漢字，四字熟語の読み方，その意味を書いてみよう。
そして，答えが正しいか四字熟語辞典オンライン
（https://yoji.jitenon.jp/）で確かめてみよう。

（1）心□一転　（□に入る漢字：　　　読み方：　　　）

意味

（2）□機応変　（□に入る漢字：　　　読み方：　　　）

意味

（3）言語道□　（□に入る漢字：　　　読み方：　　　）

意味

四字熟語を使って例文を考えよう！

（1）から（3）のいずれかの四字熟語を使って、例文を考えてみよう。

【フォント，フォントサイズ】

【罫線】
［ホーム］－［段落］－［罫線］－［下罫線］

【QR コードの貼り付け，レイアウトオプション】
［文字列の折り返し］－［前面］

【図形の挿入】
［挿入］－［図形］－［四角形］－［正方形 / 長方形］

図 4.22　四字熟語を学ぶワークシート教材の解答例

4.4.2　教材に埋め込む事項

例題 4.7 のように予習用や復習用として学習者が主体的に活用して学ぶワークシート教材は，基本的には授業者の説明がなくても機能することが望ましい。学習者だけでも教材の活用方法が理解できて設定されたねらいが達成できる教材を目指しているが，そのために必要な事項はワークシート教材の中に埋め込んでおく必要がある。

QR コード付きのワークシート教材を開発する際に検討しておく事項は，① 発問，② 学

習の手順などの指示，③ 考えたことを確認するための解答欄，④ 活用する Web サイトの情報である。図 4.22 の解答例に，設定された教材のねらいや活用方法に合わせて埋め込んだ事項を下記に整理する。

① 発問

□に入る漢字，四字熟語の読み方，その意味を書いてみよう。（1）心機一転（2）臨機応変（3）言語道断（1）から（3）の四字熟語を使って，例文を考えてみよう。

② 学習の手順などの指示

そして，答えが正しいか四字熟語オンラインで確かめてみよう。

③ 考えたことを確認するための記述欄

穴埋め形式の解答欄とマス目のない記述欄を 4 か所に設定している。

④ Web サイトの情報

四字熟語オンラインの Web サイト名，URL，QR コード

対象とする学習者の立場に立ち，わかりやすく学びが深まる発問や指示，記入しやすく学びが引き出せる記述欄の形式や大きさを検討し，作成する。

4.4.3　ビデオ教材を利用した教材の設計

【例題 4.8】　授業で活用できるビデオ教材を活用した QR コード付きのワークシート教材を設計せよ。なお，ワークシート教材を設計するために，教材のねらいや枠組みなどの設定（① 学習する内容と対象，② 教材のねらいと活用方法，③ 学習者が意欲的に，深く思考するための仕掛けや配慮，④ 活用する Web サイトの名称と URL）について検討せよ。さらに，その設定したねらいや枠組みが達成できるワークシート教材を作成せよ。

なお，ここでのワークシート教材には，印刷プリント形式で，Word 縦置き，A4 用紙で 1 枚とする。

〈教材のねらいや枠組み〉

例題 4.8 のワークシート教材を設計する手順と，教材のねらいや枠組みについて確認する。まずはじめに，どのようなワークシート教材にするのか学習する内容や対象，教材のねらいや活用方法，仕掛けや配慮する点などについて考えておく必要がある。

教材のねらいには，その教材を学習することで学習者ができるようになることや，身につく知識などを示す。活用方法では，その教材をどのように活用するのかを考える。例えば，授業内で活用するのか，それとも授業外の予習用や復習用として活用するのか，あるいは授

業後に発展課題として活用するのかなどである。

つぎに示す解答例は，架空のインターネット上にあるビデオ映像を視聴し，SNS の活用について考える教材を作成することとしている。ワークシート教材の設定は，つぎのとおりである。

① 学習する内容と対象

SNS の活用方法やマナーに関する教材で，中学校 1 年生を対象とする。

② 教材のねらいと活用方法

SNS を適切に活用するために，SNS のメリットとデメリットを説明することができることをねらいとする。授業外に取り組む予習用としてこの教材を活用し，次回の授業ではその学びを共有し意見交換を行う。

③ 学習者が意欲的に，深く思考するための仕掛けや配慮

わが校では SNS に関するトラブルを聞くようになっているが，学習者の危険性に対する意識は低い。そこで，まずは学習者にとって興味関心が高いと考えられる身近な事例をビデオ教材で確認する。授業で活発に意見交換をするための事前準備として，この教材を用いることとし，教材を通して自分の考えを整理できるようにする。

④ Web サイトの名称と URL

架空のサイト：〇〇放送「××××」http://aaa.bbb.co.jp

4.4.4　教材作成における注意事項

開発するワークシート教材のねらいや枠組みが決まれば作成に入るが，ここでは作成するにあたり注意する事項について確認する。例題 4.8 で設定したねらいや枠組みを踏まえて，図 4.23 のようなワークシート教材を作成したとする。

「SNS について，考えたことを書こう」という思考を促す発問があり，Web 上のビデオ映像を視聴するための「QR コード」が貼り付けられ，そして学びを確認するための記述欄が設けられている。一見するとワークシート教材として利用できるように見えるが，図 4.23 の教材には十分でないことが少なくとも三つはある。どのような点が，十分ではないのだろうか。もう一度検討すべき点は，つぎの三つである。

まず一つ目は，ワークシート教材に学習の手順に関する指示がなく，学習者はなにから始めてどの順番で学習を進めるのかがよくわからないことが問題である。**図 4.23** の作成例の場合，QR コード先のビデオ映像を視聴してからその後にそれを踏まえて考えたことを書くのか，それとも，まずは自分の考えを書いてからその確認として QR コード先のビデオ映像を見るのかでは学習に期待することが大きく変わる。このような学習の手順は，学習者が一人で取り組む際には授業者からの指示を聞くことができないため，特に重要である。

図 4.23　ワークシート教材の作成例（修正前）

例えば，「QR コード先の事例を確認してから，あなたの考えを書いてみましょう」などのように，学習の手順に関する指示を入れておく必要がある。また，仮に，QR コード先のビデオ映像で視聴時間が長いなどの場合は，例えば「5 分から 15 分を視聴してください」のように，あらかじめ視聴する時間帯を指示することなども考えられる。

二つ目は，思考を促すための発問の仕方が十分でなく，設定したねらいにおいて期待する解答が引き出しにくい発問になっていることが問題である。「SNS について，考えたことを書こう」という発問であれば，「怖かったです。」や「SNS は，良くないと思いました。」といった感想だけを記述する学習者がいるかもしれない。どのような発問にすれば，より深く思考ができるのか，ねらいとして期待するような解答が引き出せるのかを検討する必要がある。例えば，「SNS のメリットとデメリットについて，あなたが考えたことを説明してみよう。」などの発問が考えられる。

そのほかに，解答欄の大きさや形式についても検討しておくとよい。ただ単に，四角の箱を用意するだけではなく，文字数を指定するのであればマス目や罫線など，解答がしやすいような枠を設けたり，穴埋め問題や○×問題なども考えられる。大事なことは，設定したねらいが達成できたかを確認できる発問と記述欄を設けておくことである。

三つ目は，QR コードに Web サイト名と URL に関する記載がない点が不十分である。QR コードだけでは，Web サイトの情報がわからない。Web サイト名と URL を記載しておくことで QR コードが読み取れない場合にも，本教材を活用できるようになる。QR コードおよび，URL と Web サイト名を明記しておく必要がある。

4.4.5　ワークシート教材の例

4.4.4 項の注意事項を踏まえると，**図 4.24** のようなワークシート教材が考えられる。

まず初めに，下記の QR コードを読み取り SNS の活用事例（〇〇放送「あなたならどうする？みんなで考えてみよう！」5 月 10 日放送）を視聴しましょう。

あなたならどうする？
みんなで考えてみよう！
SNS のメリットと
デメリット考えよう！
2020 年度（放送日：5 月 10 日）
SNS の活用事例

●●放送「××××」
http://aaa.bbb.co.jp

SNS の活用事例を踏まえて，
SNS のメリットとデメリットについて，あなたが考えたことを説明してみよう。

メリット
デメリット

図 4.24　ワークシート教材の作成例（修正後）

QR コード付きワークシート教材は，インターネット上にある Web サイトや学習コンテンツ，ビデオ教材を活用して学ぶため，基本的に学習者は授業外であっても好きな時間に好きな場所で学習をすることができる。教材を取り組むにあたっての注意事項や，学習の手順，指示などを教材に埋め込んでおくことで，授業者が説明しなくても学習者は思考することができる。学習者が一人で学ぶことができる教材であれば，他クラスや他学校でも活用できる汎用性の高い教材になりうる。図 4.24 のワークシート教材の作成例（修正後）において，設定された教材のねらいや活用方法に合わせて埋め込んだ事項は，つぎのとおりである。

① 発問

SNS の活用事例を踏まえて，SNS のメリットとデメリットについて，あなたが考えたことを説明してみよう。

② 学習の手順などの指示

まず初めに，下記の QR コードを読み取り SNS の活用事例（〇〇放送「あなたならどうする？ みんなで考えてみよう！」5 月 10 日放送）を視聴しましょう。

③ 考えたことを確認するための記述欄

マス目のない記述欄をメリットとデメリット用に2か所に分けて設けている。

④ Webサイトの情報

ここでは架空のWebサイトを設定しているが，実際に作成する際にはコラム（授業などで活用できるWebサイト）を参考にする。ねらいが達成できるビデオ映像を探すことも重要である。

〈授業などで活用できるWebサイト〉

Web上にはたくさんの学習コンテンツが存在しているが，それを授業の中でどのように活用するのか，学習者の学びをどのようにデザインするのかが課題になる。

【教科に関する学習コンテンツ】

・NHK for school「クリップ」
　http://www.nhk.or.jp/school/clip/
・NHK for school「ばんぐみ一覧」
　https://www.nhk.or.jp/school/program/
・ルーブル美術館「ルーペで見る作品」
　https://www.louvre.fr/jp/oal
・NHK WORLD-JAPAN「News」
　https://www3.nhk.or.jp/nhkworld/en/news/
・NHK 高校講座
　https://www.nhk.or.jp/kokokoza/

【情報モラルに関する学習コンテンツ】

・NHK for school「いじめをノックアウト」
　https://www.nhk.or.jp/tokkatsu/ijimezero/
・文部科学省：情報モラルに関する指導の動画教材や資料等
　https://www.mext.go.jp/a_menu/shotou/zyouhou/1368445.htm
・文部科学省：情報化社会の新たな問題を考えるための教材（教材静止画）
　https://www.mext.go.jp/a_menu/shotou/zyouhou/1373510.htm
・文部科学省：情報化社会の新たな問題を考えるための教材（動画教材，YouTube動画へ）
　https://www.mext.go.jp/a_menu/shotou/zyouhou/detail/1416322.htm
・文化庁：著作権なるほど質問箱
　https://pf.bunka.go.jp/chosaku/chosakuken/naruhodo/
・文化庁：作太郎の奮闘記
　https://pf.bunka.go.jp/chosaku/chosakuken/h22_manga/download/index.html

演　習　問　題

（1） Windows フォトを利用して，自分の写真をもとに 学校における行事をビデオアルバムとして作成せよ。

（2） Windows フォトを利用して，例題 4.3 の素材（画像）で，**図 4.25** の 3 枚目に示した文を入れた動画教材を作成せよ。なお，音声や BGM は，なしでよい。

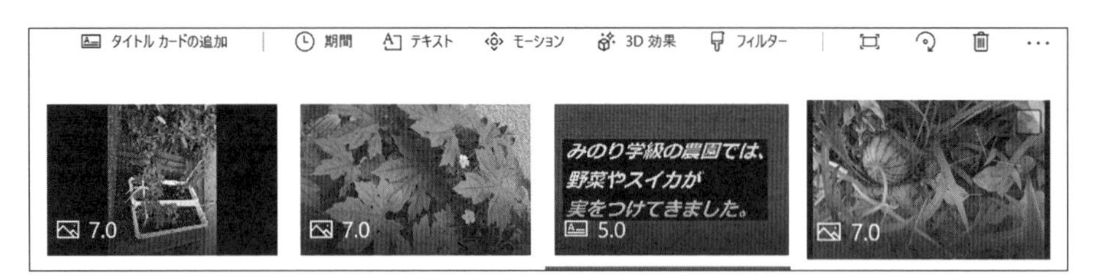

図 4.25　Windows フォトによる作成（例題 4.3）

（3）「Society 5.0」について，Web 上の資料や動画を検索して , その概要を PowerPoint スライド 3〜4 枚にまとめ，3 分程度のナレーションを入れよ。

（4） 小学校高学年の社会科で SDGs を取り上げ，Web 上の資料や文献を参考にし，一つのテーマ（例えば，給食の食べ残しを考える）について議論するための PowerPoint スライド 3 〜 4 枚を作成し，3 分程度のナレーションを入れよ。

《参考文献》 秋山宏次郎（監修），バウンド（著）：こども SDGs ― なぜ SDGs が必要なのかわかる本 ―，カンゼン（2020）

（5） 教育実習に行った際に，クラスの子どもたちに向けて 3 〜 5 分間程度のスピーチ動画を見せること想定し，スライド資料を作成して動画教材にせよ。

（6） 各教科における授業用動画教材のねらいや枠組みの設定を示し，その設定したねらいや枠組みに基づいて授業で活用できる動画教材を作成せよ。

（7）「NHK for school クリップ」（4.4 節コラム参照）を活用した QR コード付きワークシート教材を作成せよ。

（8） Web 上に Google フォームでアンケート，または，テストを作成し，そのフォームに回答を促す QR コード付きのワークシート教材を作成せよ。

5. 遠隔授業

本章では，5.1 節で，Google が教育向けに開発したツール[7] である Google Classroom[8] を活用した遠隔（オンライン）授業について，教育実践をもとに紹介する。5.2 節は，同時双方向型の授業で用いられるテレビ（ビデオ）会議システム（Zoom[9]，Google Meet[10]，Microsoft Teams[11]）の概要と活用について説明する。

5.1 遠隔授業を設計しよう

5.1.1 遠隔授業と Google Classroom

授業者と学習者がある場所に集合して行う対面授業に対して，それぞれがさまざまな場所からパソコンやタブレットを用いてインターネットを介して行う遠隔（オンライン）授業には，大きく分けて，つぎの二つの方法が挙げられる[12]。

（1） テレビ会議システム等を利用した同時双方向型の遠隔授業

授業者はテレビ会議システムを用いて授業をリアルタイム配信し，学習者は教室以外の場所でインターネットに接続し授業を受ける。テレビ会議システムの映像や音声，チャット機能等を用いて，質疑応答や意見交換を行いながら進める授業形態である。

（2） オンライン教材を用いたオンデマンド型の遠隔授業

授業者は，LMS（learning management system：5.1 節コラム参照）等を用いて授業資料や説明動画などの教材や授業の録画を配信し，学習者は教室以外の場所でインターネットに接続し授業を受ける。授業は，随時に限らず，指定された一定の期間内に受けることができる。課題の提出や添削指導，質疑応答，学習者同士の意見交換等についても，インターネット等を通じて行う授業形態である。

もちろん，これら（1）と（2）を組み合わせて授業を行う場合もある。

（1）の同時双方向型のテレビ会議システムの利用については，5.2 節で述べる。（2）における授業資料や課題の作成については 3 章で，音声を入れた動画教材の作成については 4 章で述べた。ここでは，（2）における LMS を活用した授業の方法について検討する。

遠隔授業を設計する際には，学習者の反応が見えにくいため対面の授業以上に綿密な授業設計をしておく必要がある。ここでは，Googleが教育向けに開発したGoogle Classroom（Googleの統合ソフト[7]のツール）を活用した遠隔授業の方法について考える。

Google Classroomでは，テレビ会議での講義，教材や資料の配付，関連するWebサイトのリンク，課題やテストの作成，学習者同士の相互評価などをクラスルーム内で実施することができ，（1）の同時双方型の遠隔授業と（2）のオンデマンド型の遠隔授業を合わせた授業設計が簡易に行うことができる。

また，Google Classroomからは，ファイルを管理するGoogleドライブ，ファイル作成用のGoogleドキュメントやスプレッドシート，コミュニケーション用のGmail，テレビ会議用のMeet，アンケートやテストを作成するためのGoogleフォーム，スケジュール管理のGoogleカレンダーなど，Googleの統合ソフトに含まれるほかのツールを合わせて活用することができる。そのため，教材の作成や管理，学習者とのやり取りなどの作業が簡略化できる。

5.1.2　Google Classroomの機能

Google Classroomを選択すると，**図5.1**（a）のトップ画面が表示され，登録しているすべてのクラスを確認することができる。そして，各クラスを選択してはじめに開く画面（図（b））が，［ストリーム］である。［ストリーム］は，投稿した内容が時系列に表示され授業者から学習者への連絡用の掲示板として活用できる。

（a）　クラス一覧が表示されるトップ画面

（b）　各クラスのストリーム画面

図5.1　Google Classroomの画面

例えば，課題に対する期限や注意点，テレビ会議の開始時間やグループ学習の割り振り，休講や補講の取り扱いなどクラス全体で共有したい内容を投稿する。クラスに登録された学習者には，投稿内容のメール通知が行われる。

また，図（b）の科目名の下には，英数字のクラスコードが表示される。このクラスコードを学習者に伝えることで学習者側からのクラス登録が可能になる。クラスコードの下には，テレビ会議（Google Meet）のリンクが表示される。授業者ならびにクラスに登録されたメンバーは，特別な設定をすることなく，リンクを選択するだけでいつでもだれでもテレビ会議での講義や対話に参加することができる。

つぎに，教材の配付や課題の作成は，メニューにある［授業］タブから作成することができる。［授業］画面に切り替え作成ボタンを押すと，**図 5.2** ののように作成する形式（①課題，② テスト付きの課題，③ 質問，④ 資料，⑤ 投稿を再利用，⑥ トピック）が選択できる。それぞれの形式に合わせてアイコンがあり，設定した資料や課題の各スレッドにも表示される。なお，各スレッドは予定した時間に配信ができるように時間を設定しておくことができる。

図 5.2　教材の配付や課題を作成する方法

まず，最初に ⑥ のトピックを作成すると，各テーマに合わせて資料や課題を分類，整理することができる。例えば，図 5.2 のように授業回数（ここでは，class13 授業資料と授業内課題）ごとにトピックを設けることができる。なお，トピックやそれぞれのスレッドはドラッグすることで順番を動かしたり，削除したりすることができる。授業改善に合わせて，学習手順の変更や課題の組み換えを容易に行うことができる。

つぎに，それぞれの形式（①〜⑤）と活用方法について，具体例を示して説明する。

〔1〕「① 課題」を用いたレポートの提出

「① 課題」はレポートなどのファイルを添付する形の課題を設定することができる。文書や表計算，スライドのファイルだけではなく，手書きを写真で記録した画像や動画ファイルも添付できるので，さまざまな課題に対応することができる。

授業者が課題を設定する画面において，タイトルと説明に加えてワークシートや参考資料を添付，配付することができる。また，課題には提出期限を設定することができ，学習者には指定された期限が通知される。

課題設定の後，授業者画面では提出済みと割り当て済み（未提出）の人数が表示される（**図 5.3**（a））。表示された人数を選択すると，個人の提出状況や内容が確認できる。

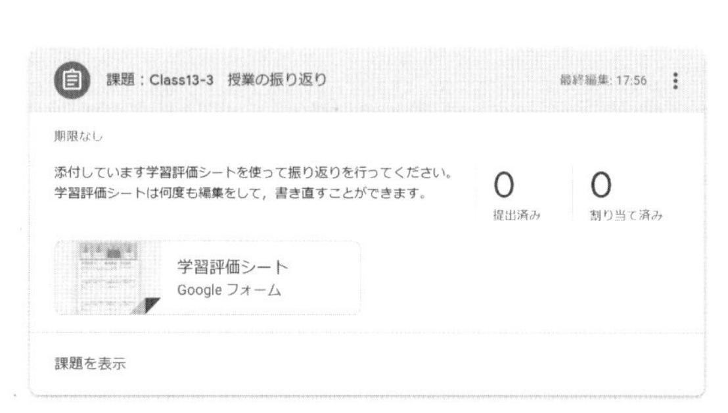

（a）　授業者画面　　　　（b）　Google フォームでの課題

図 5.3　「テスト付きの課題」の作成

〔2〕「② テスト付きの課題」を用いた Google フォームでの課題提出

「② テスト付きの課題」には，Google フォームを用いたテストやアンケートに答える課題が設定できる。図（a）は，「② テスト付きの課題」の授業者画面で，Google フォームで作成した学習を振り返るための課題が添付されている。その Google フォームを選択すると，図（b）のように事前に作成しておいた課題が立ち上がる。学習者は，フォームに従って回答をする。回答はスプレッドシートでダウンロードでき，回答結果はクラス全体で共有することもできる。

〔3〕「③ 質問」を用いた学習者同士の相互評価

「③ 質問」では，「自分の解答欄」に文字を記入する形式での課題を設定することができる。「① 課題」と大きく異なる点は，それぞれの投稿内容をほかの学習者が閲覧でき，おたがいにコメントを返せることである。「自分の解答欄」にファイルを直接貼り付けることはできないが，Google ドライブにアップしたファイルに共有リンクを設定し，そのリンク先を解答欄に記入することでファイルでの相互評価も可能になる。

オンデマンド型の遠隔授業においては，対面授業と異なり学習者同士の意見交換が取り入れにくい。「③ 質問」形式の課題を設けることで，学習者同士の学習成果の比較，意見交換，相互評価などの学習活動が生まれる。

「③ 質問」は課題の相互評価のほかに，疑問点などをクラスで共有する質問用掲示板としても活用することができる。それぞれの疑問点を掲示板に書き込み，おたがいに助言し合うことが可能になる。また，記入した内容がクラスで共有される「自分の解答欄」のほかに，記入した内容は授業者だけが閲覧でき個別にやり取りを行うことができる「限定公開のコメント欄」がある。「限定公開のコメント欄」(①，② にも，この欄はある）は，個人的な質問用にするなど，「自分の解答欄」と使い分けておく必要がある。

〔4〕「④ 資料」を用いた教材の配付や Web 資料のリンク

「④ 資料」には配付する授業資料や説明動画，ワークシート，関連する Web サイトの URL リンクなどを貼り付けることができる。学習者は授業資料やワークシートをダウンロードすることができ，関連するサイトにアクセスすることができる。**図 5.4**（a）のとおりタイトルと説明を入力し，追加ボタンから必要に合わせて形式を選択し添付する。図（b）の作成ボタンから，資料を作成することもできる。

（a）　追加ボタン

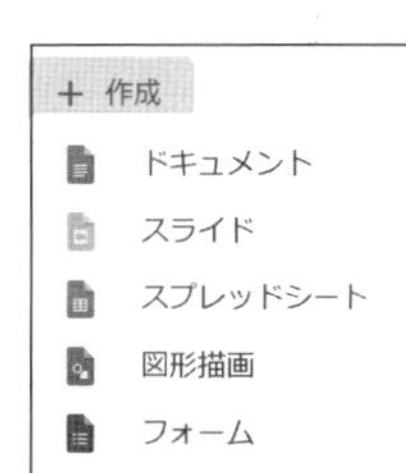

（b）　作成ボタン

図 5.4　資料の作成画面

〔5〕「⑤ 投稿を再利用」を用いた資料や課題の複製

「⑤ 投稿を再利用」では，他クラスやクラス内でこれまでに作成した ① 課題，② テスト付きの課題，③ 質問，④ 資料のスレッドを複製することができる。

【例題 5.1】　**図 5.5** に示す Google フォームを活用した「テスト付きの課題」を用いて「学習整理シート付きの授業の振り返り」スレッドを作成せよ。

（a）「授業の振り返り」のスレッド　　（b） 学習整理シート

図 5.5　Google フォームを活用した「テスト付きの課題」

まずはじめに，Google Classroom に適当な科目名を入れてクラスを作成する。クラスが作成できれば，［授業］画面の作成ボタンから「テスト付きの課題」を選択する。**図 5.6**（a）のとおりスレッドのタイトルと課題の詳細を入力し，Blank Quiz から学習整理シートを作成する。学習整理シートは，Google フォームに従って作成する。Google フォームで選択できる回答形式は図（b）のとおりである。

（a）「授業の振り返り」スレッドの設定

（b） Google フォームでの回答形式

図 5.6　「テスト付きの課題」の作成画面

5.1.3　Google Classroom を活用した授業実践

高等教育における教育方法について学ぶ教職科目において，Google Classroom を用いた遠隔授業を実施している。ここでは，あるクラスを取り上げ，授業の概要や Google Classroom の活用方法について紹介する。

実践例の授業は，主体的な学びや ICT の活用をテーマに学習指導計画や教材作成を行うことをねらいとした科目である。テレビ会議（Google Meet）を用いた同時双方向型の講義と授業資料や説明動画，課題を配信するオンデマンド型を合わせた授業設計を行っている。この授業における授業計画を**表 5.1** に示す。

また，この授業における授業運営の基本的な流れを**表 5.2** に示す。表 5.2 は 1 コマ分の授業に対する流れであり，授業回数に合わせて ① から ⑧ の手順を繰り返し行っている。

表 5.1　授業計画

テーマ	実施週	授業概要
主体的・対話的で深い学びと ICT の活用	1	オリエンテーション
	2	これからの社会と求められる能力
	3-4	求められる能力を高める学び方と授業設計
	5-6	学びを支援する ICT と授業設計
	7-8	レポートの作成方法，学習の振り返りと整理【レポート①】
学習指導の計画	9	設計する授業のテーマを決める
	10	学習者主体の授業を設計する方法
	11	学習指導の計画と簡易な指導案の作成
	12	学習の振り返りと整理【レポート ②】
教材の作成	13-14	QR コードを用いたワークシート型教材の作成
	15	教材の相互評価と学習評価【レポート ③】

表 5.2　授業運営の基本的な流れ

授業開始前		①「授業」画面に本時のトピックを作成し，授業資料，説明動画，ワークシート，関連する Web サイトの情報などを配付する。また，本時の目標が達成できたかを確認するための課題を設定しておく。 ②「ストリーム」画面にテレビ会議の集合時間や課題の締め切りなど，本時における連絡事項を投稿しておく。
授業時間中	15 分	③ テレビ会議（Google Meet）に集合し，前回の課題に対するコメントと，今回の授業に対する補足説明を行う。
	70 分	④ 学習者が授業資料と説明動画を活用して課題に取り組む間，授業者は授業時間内の質問に答えるために，テレビ会議（Google Meet）に待機している。質問があれば対応し，クラスで共有したほうが良い内容については，「ストリーム」画面を用いて全体に知らせる。
	5 分	⑤ 学習者の進捗や提出された課題を確認したうえで，「ストリーム」画面に課題に対する注意点やコメント，次回の学習予定などを連絡する。
授業終了後		⑥ 課題の提出状況を確認し，出席をつける。 ⑦ 次回の授業資料，説明動画，ワークシートなどの教材を作成する。 ⑧ 学習者からの授業外の質問に回答する。

つぎに，この授業での教材や課題の例として，第3回目（Class3）の配付資料と授業内課題を**図5.7**に示す。図（a）は，class3のトピック内に用意したスレッド一覧である。図（b）は，class3の配付資料に添付した教材一覧である。

（a） class3の課題内容　　（b） class3の配付資料

図5.7 授業における配付資料と授業内課題

各回に配付する資料には，本時の概要を説明した授業資料とワークシート，本時の目標や学習の手順，課題内容と注意事項を説明した10分程度の説明動画と，説明動画のスライド資料を用意している。そのほかに，関連するWebサイトのリンクを貼り付けている。学習者は，授業資料と説明動画を確認することから始め，本時の授業内課題に取り組む。

授業内課題については，学習内容に応じて各回にそれぞれ一つから三つ程度で用意している。基本的には，学習者同士が閲覧をしてコメントができる マークの「質問」形式で課題を作成している。課題の進捗は学習者によって異なることから，本時に取り組んだ課題に対する相互評価は次回の授業で行うことにしている。

また，テレビ会議（Google Meet）を用いた学習者同士の対話を課題として設定することもあるが，その場合も対話での気づきを共有する「質問」形式の課題を設定し，対話での学びや気づきが確認できるようにしている。

小テストや教科書の要約などを課題にする場合は， マークの「課題」や「テスト付きの課題」の形式で作成をしている。表5.1に示したとおり，授業内課題のほかに学習内容を振り返り整理するためのレポート課題を課しているが，その場合も「課題」や「テスト付きの課題」の形式で設定をしている。

〈著者らが利用したLMS〉

LMS（learning management system）は，授業資料の提示，試験（小テスト含），課題提出，出席処理，成績処理，質問対応などを統合的に行える学習管理システムである。さまざまな要求に応えられるように，多くの機能を持ったLMSが提供されているが，ここでは，筆者らが授業で利用したLMSについて，その特徴を簡単に紹介する。

（1）「C-Learning」 (株)ネットマン https://www.c-learning.jp/

クラウド型でスマートフォンと連携し，学生管理，出席管理，アンケート，小テスト，ドリル，レポート，協働板，教材倉庫，連絡・相談などの機能がある。学生管理では，履修科目と連携して授業への出席も把握できる。出席はスマートフォンで管理し，位置情報と連携もできる。協働板を利用したプロジェクト学習，レポートの閲覧による相互評価など学習指導を考慮した機能もある。

（2）「manaba」 (株)朝日ネット https://manaba.jp/

クラウド型の学習支援サービスで，教材配布，お知らせの配信，掲示板，小テスト，レポート，プロジェクト学習，ポートフォリオなどの機能がある。教材配布や連絡ツールでは閲覧状況の確認ができる学生管理のほか，レポートでの相互閲覧や，プロジェクト学習でのチームごとのスレッド作成などの機能もある。提出したレポート，小テスト，コメントなどの学習履歴は蓄積され，何度も振り返ることができる。

（3）「UNIVERSAL PASSPORT」

日本システム技術(株) https://www.jast.jp/service/management/

オンプレミス型（学校側の用意したサーバにインストール），クラウド型，両方に対応している。「GAKUEN」と呼ばれる学校事務システムと連結してポータルサイトとして提供されている。教室管理，出席管理，休講情報管理，学生管理，成績登録など学校ポータル機能の一つとして，教材提供，課題提出などLMSの機能が実現されている。

（4）「WebClass」 データパシフィック(株) https://www.datapacific.co.jp/webclass/

オンプレミス型，クラウド型，両方に対応している。作成した授業資料をHTMLやPDFに変換，タイムラインという授業中に教員・学生ともに書き込みできるものがある。教材作成（資料，レポート，テスト，アンケート，掲示板，チャットなど）のほか，ポートフォリオ作成や類似レポート検出など機能は豊富である。

（5）「Moodle」オープンソースソフトウェア https://moodle.org/

オンプレミス型で，オープンソースで開発されており，基本的な機能にプラスして，プラグインによる機能拡張が可能である。無償・無保証で，自分で管理するLMSである。

〈**著者らが開発した LMS**〉

通常，LMS は個人で設置するには価格面や技術面，設備費などを考えると難しい。市販のものであれば学校単位で契約する，オープンソースであればシステム担当者がしっかりとメンテナンスを行う，という前提である。個人で用意するのであれば，授業資料の提示は Web ページやブログ，CMS（contents management system）などで実現ができる。課題提出に限っては，提出した課題の確認や締め切りの設定，提出した課題の確認など，通常の Web ツールでは実現が難しい。そのため，専用のシステムを用意する必要が出てくる。

そこで，著者の田中と下倉が開発した「WebTA」というシステムを紹介する。高機能とは言えないが，学生は課題提出と提出課題の確認，教員は課題作成，提出課題のダウンロード，採点，集計，といった最低限の機能のみを搭載した Perl による CGI で作成したものである。

画面構成は**図 5.8** のように，非常にシンプルであり，画面表示はブラウザにほとんど左右されない。教員は図（a）のような管理者用 cgi から科目登録，学生の登録管理（履修確認や履修設定という名称になっている），課題作成や修正，採点，集計などが可能である。

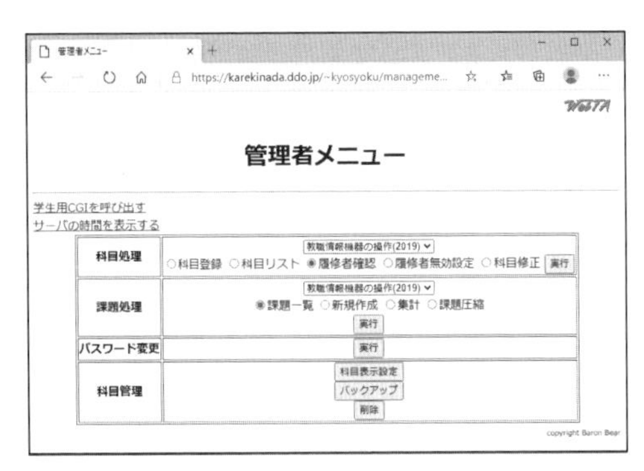

（a）　教員用画面

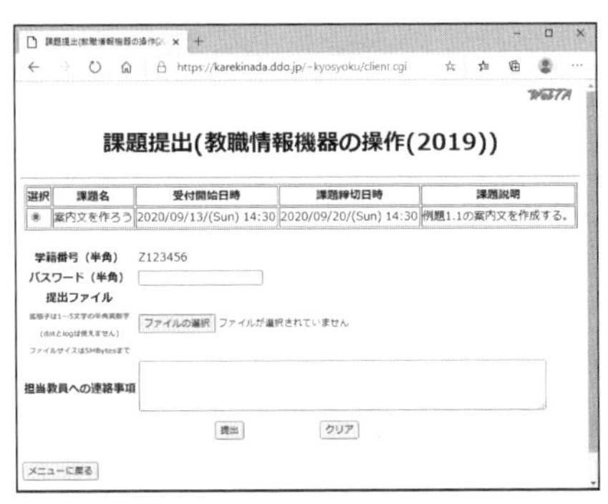

（b）　学生の課題提出画面

図 5.8　課題提出システムの画面

課題には，課題に利用する課題ファイルをセットすることができる。学生は，課題確認，課題一覧，履修確認（自分の名前やパスワード変更）のみができる。学生の利用登録は学生個人が Web 上で行うようになっている。図（b）のような課題提出画面から作成した課題ファイルを提出することができる。

WebTA の設置自体は Web ページに掲示板を設置する程度の知識があれば可能であり，動作もかなり軽快である。

無償・無保証で提供しているので，興味があればお問い合わせ下さい。

5.2 テレビ会議システムを活用しよう

5.2.1 テレビ会議システムの機能

インターネットを介して，リアルタイムでのコミュニケーションを行うテレビ（ビデオ）会議システムが多く開発されている。これらを利用することにより，教室以外のさまざまな場所から同時に行う遠隔授業が可能となる。

遠隔授業を実施する際，メールや学習管理システム（LMS）等だけではコミュニケーションが不足がちになるが，テレビ会議システムにより，双方向での質疑応答を図ることにより，学習者の理解を助けたり，意欲を向上させたりする効果が期待される。また，Webカメラを使って学習者の反応をある程度把握できるため，授業者も学習の状況を確認しながら授業内容や方法を調整することが可能である。

テレビ会議システムは，コンピュータではWebブラウザを利用する形態が多い。このような専用のソフトウェアや端末機器を利用しないシステムは，Web会議システムと呼ばれる。また，テレビ会議システムは，コンピュータだけでなく，スマートフォンでも利用可能であり，情報機器の違いを意識せず参加が可能である。ただし，スマートフォンの利用の際には画面が小さいため，文字が見にくくなることがある。授業者は，学習者の情報機器についても意識したうえで授業を行うことが重要である。

さらに，学習者の通信状況についても念頭に置く必要がある。無線LAN等の通信環境がない学習者もいる可能性はあり，テレビ会議システムを短時間のみ利用するなど授業設計を入念に行う必要がある。

現在，大学等でよく利用されているテレビ会議システムには，Zoom，Google Meet，Microsoft Teamsなどがある。これらのテレビ会議システムは，ほぼ同様の機能が備わっており，Webカメラを使ってのリアルタイムのコミュニケーション機能，文字を使ったコミュニケーションであるチャット機能，参加者全員に表示画面を共有する機能，会議内容を録画しておく機能などがある。以下に，これら機能の概要を示す。

〔1〕 リアルタイムのコミュニケーション機能

遠隔授業でWebカメラを使うことにより，授業者と学習者相互の状況を確認することができ，学習者の反応にあわせて授業進度を調整することが可能となる。Webカメラにより音声と映像のやり取りが可能であるが，インターネットを経由での音声のやり取りには若干のタイムラグが生じるためにスムーズなコミュニケーションができないこともある。

また，複数人が一斉に話し始めると声が重なり，対面での授業に比べるとコミュニケーションはかなり取りづらい。例えば，多人数の授業になると，学習者のWebカメラ，マイクを一時的に利用しない設定にするほうが，スムーズな授業運営ができる。テレビ会議システムでは，授業者側が学習者のWebカメラ，マイクを一斉にオン・オフすることができる機能もあるため，状況に合わせて利用する必要もある。

〔2〕 **チャット機能**

Webカメラ，マイクを使ったコミュニケーションでは，会議参加者が多数の場合，コミュニケーションがとりづらい場合がある。その際には，文字を使ったコミュニケーションであるチャット機能を使うことにより，参加者相互のコミュニケーションを図るとよい。

チャット機能は文字でのコミュニケーションのため，発話者の邪魔をすることが少なく，比較的大人数でもコミュニケーションが図れるメリットがある。また，チャット機能で発言した内容は画面上に残るため，時間が経過しても発言内容が授業者・学習者に意識されやすく，内容を振り返りやすいというメリットもある。もちろん，タイピングが遅く，チャット機能では遠隔授業に参加しにくい学習者が出る可能性はあるが，逆に，大人数の場で発話することよりも，チャット機能のほうが発言しやすい学習者もいる。さまざまな機能を組み合わせて，より参加しやすいコミュニケーション方法を提示することが学習効果を高めることにつながる。

〔3〕 **画面共有機能**

授業者の画面を，参加者全体に共有することができる機能である。授業者はWebカメラでのコミュニケーションだけではなく，教材画面を共有し，現在説明している点を強調表示することにより，学習者にわかりやすく提示することができる。

授業者のコンピュータ画面をそのままを共有する場合は，操作している様子を学習者に閲覧させ，操作手順や流れを提示する際に有用である。また，ある特定のソフトウェアのウィンドウのみを共有する場合には，学習者がそのウィンドウを閲覧している裏で授業者は，つぎの準備を行うことができる。さらに，コンピュータのデスクトップ画面が，多少散らかっていたとしても，その様子は学習者には見えない。

さらに，授業者の画面のみではなく学習者の画面も共有することができるため，学習者が全体にプレゼンテーションを行うこともできる。遠隔授業は，Webカメラでのコミュニケーションのみになると単調になる可能性が高い。教材を拡大表示したり，授業を記録した動画を共有して閲覧したり，学習者がプレゼンテーションを行うなど積極的に授業に関わるなど，学習者が主体的に学ぶことのできる環境をどのように提供するかが重要である。

〔4〕 **会議録画機能**

テレビ会議自体を録画し，動画データとして保存する機能である。授業用動画データとして残すことによって，遠隔授業に参加できなかった学習者に対して，後日，授業用動画の格納ドライブ等で閲覧が可能な状態にすることが考えられる。授業用動画の内容を何度も視聴することにより，学習内容の復習ともなるであろう。

なお，授業用動画ファイルの容量や学習者が見直すときのことを考えると，一つの長い録画は好ましくない。授業では，音声とスライド教材を配信することも可能であるが，授業者の映像を録画しておくことにより，授業の様子を伝えることができる。一方，学習者の様子を録画する場合については，学習者の同意のみならず配慮も必要である。

また，テレビ会議システムでは授業者のみでの会議も開くことができる。授業者が，その会議内で授業した内容を録画することにより，授業用の動画教材を作成できる。

5.2.2 テレビ会議システムの活用

大学等で利用されているテレビ会議システムの活用について，おもに，Zoomを活用した例について述べる。

〔1〕 Zoom の 活 用

Zoomは最もよく利用されているテレビ会議システムであり，テレビ会議を開催する者（大体は授業者）はZoomアカウントが必要だが，それ以外の参加者はZoomアカウントが必要なく，参加者は授業者から送られてきた招待URLをクリックするだけで参加することができる。

図5.9は，zoomの会議の初期画面で，会議への参加や会議の予約が，この画面からできる。図5.9の右上の歯車のアイコンをクリックすると，**図5.10**のような画面が表示され，バーチャル背景（背景を指定の画像にする機能）の設定など，さまざまな設定変更を行うことができる。

図5.9 会議の初期画面

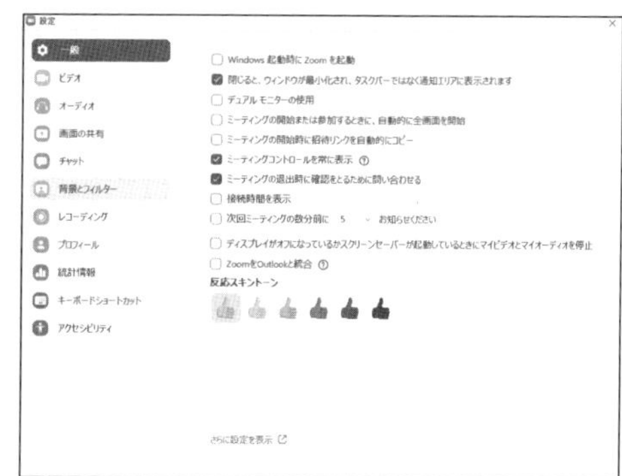

図5.10 設定画面

図5.11はZoomの会議画面である。Zoomには，画面下部のコントロールバーに，「ミュート」「ビデオの停止」「セキュリティ」「参加者」「チャット」「画面の共有」「レコーディング」「反応」および「終了」のアイコンがある。

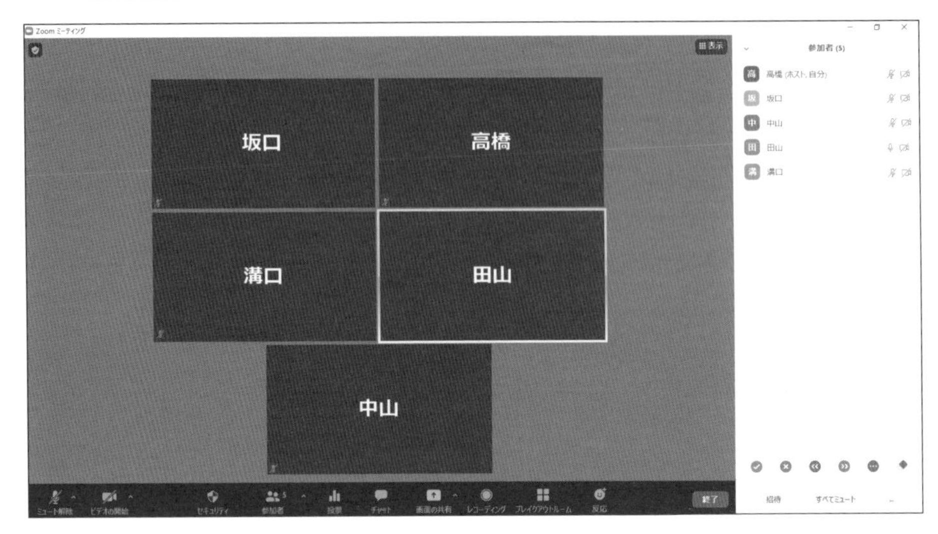

図 5.11　zoom の会議画面（一部，加工）

「ミュート」は音声の有無を制御し，「ビデオの停止」ではカメラでの動画送信の有無を制御する。Web カメラ，マイク，スピーカ等を複数接続している際には，Zoom 会議でどの機器を利用するかを設定する必要があり，「会議の音が聞こえない」「自分の映像が相手の画面に表示されない」等のトラブルには，こちらで設定を確認する。

なお，Zoom などにある「ブレークアウトセッション」（グループ分け機能）を活用することにより，多様な学習活動が可能になり，教育的な効果が期待できる。

〈待機室の機能〉

Zoom アカウントは，一般的に Web サイトにてメールアドレスを登録することにより取得できる。授業者が Zoom アカウントでサインインすると，個人ルームが設定され，Zoom アカウント固有の会議場所となる。学習者は招待リンクをクリックすることにより会議に参加することができる。学習者は Zoom アカウントを取得する必要がないため，招待リンクの URL を知っているものは会議に参加でき，想定外の参加者が現れる可能性がある。そのため，「待機室」機能は想定外の参加者を防ぐものであり，会議を立ち上げた授業者が参加の許可をしないと，学習者は会議に参加することができない。

〔2〕 Google Meet の活用

Gmail に代表される Google のサービスの中に，Google Meet がある。ほぼ Zoom と同様の機能を持つが，テレビ会議に参加する全員が Google のアカウントを取得する必要がある。

図 5.12 に，Google Meet の会議画面を示す。Google Meet には，画面下部のコントロールバーに「ミーティングの詳細」「マイクをオフにする」「通話から退出」「カメラをオフにする」「挙手する」「画面を共有」および「その他の操作」⋮ のアイコンがあり，「その他の操

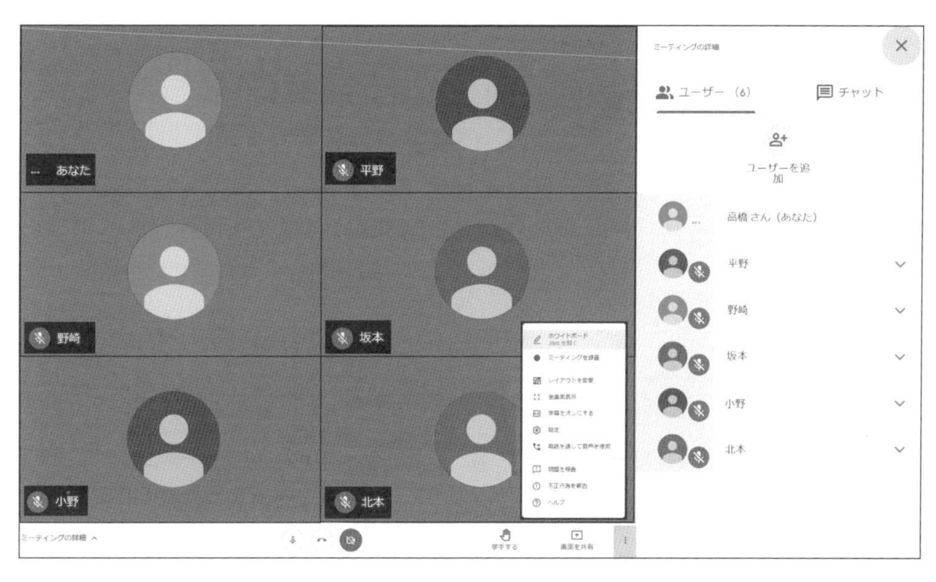

図 5.12　Google Meet の会議画面（一部，加工）

作」では「ホワイトボード」「ミーティングを録画」などの機能がある。

なお，Google Meet は，学校や組織・団体が，Google の統合ソフトの契約を行っていれば，例えば，5.1 節で述べた Google Classroom などとも連携をとることができる。なお，会議の録画機能については，Web サイトで取得した Google アカウントでは利用できない。

〔3〕 **Microsoft Teams の活用**

Microsoft Teams は，Microsoft のテレビ会議サービスであり，ほぼ Zoom と同様の機能を持っている。**図 5.13** に，Microsoft Teams の会議画面を示す。

図 5.13　Microsoft Teams の会議画面（一部，加工）

Teamsには，画面上部のコントロールバーに，「参加者を表示」「会話の表示（チャット）」「手を挙げる」「カメラをオフにする」「ミュート」「コンテンツを共有」「退出」をおよび「その他の操作」…のアイコンがあり，「その他の操作」では，「背景効果を適用する」「レコーディングを開始」などの機能がある。

なお，Microsoft Teamsは，Office 365等のMicrosoftのサービスを所属の組織・団体で利用しているのであれば，それらサービスとの連携が可能となる。Office 365のアカウントでTeamsを簡単に利用できる。

〈遠隔授業と著作権〉

テレビ会議システムを利用して授業で行う際，「画面を共有する」ということは，画面上に他者の著作物がある場合には，それを配信することにつながる。遠隔授業中に利用する著作物については，著作権に対する配慮は必要であるが，著作権法が改正（付録2参照）され，授業者の所属する団体が「授業目的公衆送信補償金等管理協会」（略称SARTRAS）[13]に補償金を支払うことにより個別の許諾を要することなく著作物を利用できることとなった（付録3参照）。

5.2.3　テレビ会議システムを利用した教材作成

【例題5.2】　テレビ会議を録画して，授業用の遠隔教材を作成せよ。なお，テレビ会議では教材スライドを開き，会議全体に画面を共有する。

〔1〕　会議の録画

Zoomの会議画面下部にある「レコーディング」は，テレビ会議の様子を録画する機能である（**図5.14**（a））。レコーディングのボタンを押すと，図（b）のように「録音を一時停止／停止」となるボタンに代わり，画面左上には「レコーディングしています…」と会議を録画していることを示す表示がされる。Zoomでは，会議を立ち上げた授業者のみが録画でき，会議を行っている機器の特定の場所に，MP4形式の動画データとして保存される。

（a）　録画の開始　　　（b）　録画の停止

図5.14　会議の録画

〔2〕　画 面 の 共 有

Zoomの画面下部の「画面の共有」ボタン（図5.14参照）を押せば，共有できるウインドウやアプリケーションが表示される。**図5.15**の画面では，画面右下の「共有」ボタンを

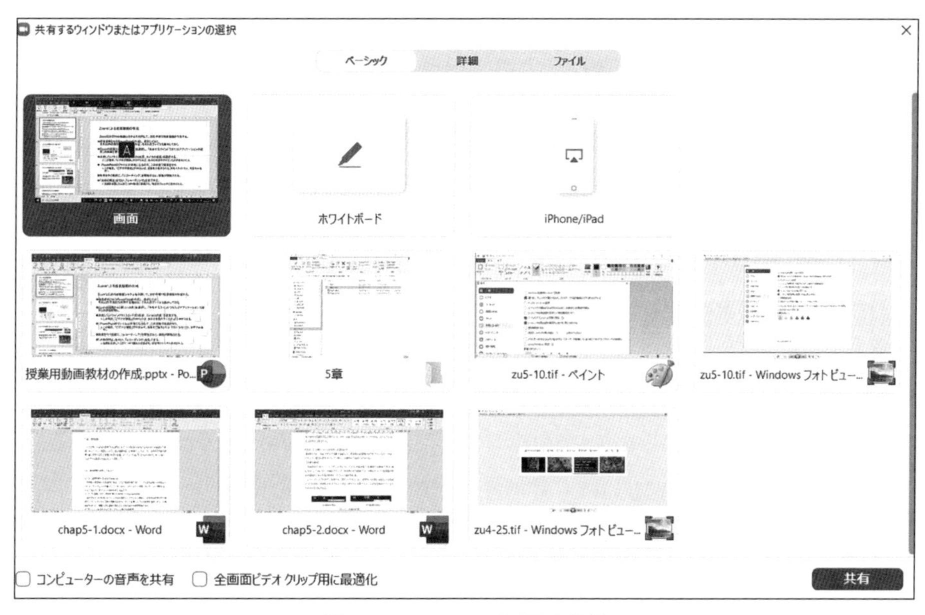

図 5.15　Zoom の画面共有機能

押せば，授業者の操作している画面がそのまま共有されることになるが，それ以外の画面を選択すれば，アプリケーションのウインドウを共有することとなる。また，ホワイトボードを共有する機能もある。最後に，Zoom 画面右下の「終了」ボタン（図 5.11 参照）を押すことによりテレビ会議が終了し，録画の動画ファイルが保存される。なお，バーチャル背景に PowerPoint のスライドを選択できるので，資料とともに発表者の様子を伝えることができる。

演　習　問　題

（1）5.1 節で紹介した Google Classroom のアップロード機能を用いて，4 章の例題 4.1 で作成した動画ファイルを Google ドライブに投稿せよ。

（2）5.1 節で紹介した Google フォームを活用した「テスト付きの課題」スレッドを用いて，4 章の例題 4.3 で作成した動画教材で学んだことを確かめるための小テストを作成せよ。

（3）5.2 節で紹介したテレビ会議システムの共有機能を用いて，4 章の例題 4.3 のスライド資料を画面共有して，説明している様子をレコーディング機能で録画せよ。

（4）5.2 節で紹介したテレビ会議システムの画面共有機能を用いて，授業やプレゼンテーションを実施している様子を録画せよ。

付録1　教員のICT活用指導力チェックリスト[2]

平成30年6月改訂

ICT環境が整備されていることを前提として，以下のA−1からD−4の16項目について，右欄の4段階でチェックしてください。

		できる	ややできる	あまりできない	できない
A	**教材研究・指導の準備・評価・校務などにICTを活用する能力**				
A−1	教育効果を上げるために，コンピュータやインターネットなどの利用場面を計画して活用する。	4	3	2	1
A−2	授業で使う教材や校務分掌に必要な資料などを集めたり，保護者・地域との連携に必要な情報を発信したりするためにインターネットなどを活用する。	4	3	2	1
A−3	授業に必要なプリントや提示資料，学級経営や校務分掌に必要な文書や資料などを作成するために，ワープロソフト，表計算ソフトやプレゼンテーションソフトなどを活用する。	4	3	2	1
A−4	学習状況を把握するために児童生徒の作品・レポート・ワークシートなどをコンピュータなどを活用して記録・整理し，評価に活用する。	4	3	2	1
B	**授業にICTを活用して指導する能力**				
B−1	児童生徒の興味・関心を高めたり，課題を明確につかませたり，学習内容を的確にまとめさせたりするために，コンピュータや提示装置などを活用して資料などを効果的に提示する。	4	3	2	1
B−2	児童生徒に互いの意見・考え方・作品などを共有させたり，比較検討させたりするために，コンピュータや提示装置などを活用して児童生徒の意見などを効果的に提示する。	4	3	2	1
B−3	知識の定着や技能の習熟をねらいとして，学習用ソフトウェアなどを活用して，繰り返し学習する課題や児童生徒一人一人の理解・習熟の程度に応じた課題などに取り組ませる。	4	3	2	1
B−4	グループで話し合って考えをまとめたり，協働してレポート・資料・作品などを制作したりするなどの学習の際に，コンピュータやソフトウェアなどを効果的に活用させる。	4	3	2	1
C	**児童生徒のICT活用を指導する能力**				
C−1	学習活動に必要な，コンピュータなどの基本的な操作技能（文字入力やファイル操作など）を児童生徒が身に付けることができるように指導する。	4	3	2	1
C−2	児童生徒がコンピュータやインターネットなどを活用して，情報を収集したり，目的に応じた情報や信頼できる情報を選択したりできるように指導する。	4	3	2	1
C−3	児童生徒がワープロソフト・表計算ソフト・プレゼンテーションソフトなどを活用して，調べたことや自分の考えを整理したり，文章・表・グラフ・図などに分かりやすくまとめたりすることができるように指導する。	4	3	2	1
C−4	児童生徒が互いの考えを交換し共有して話合いなどができるように，コンピュータやソフトウェアなどを活用することを指導する。	4	3	2	1
D	**情報活用の基盤となる知識や態度について指導する能力**				
D−1	児童生徒が情報社会への参画にあたって自らの行動に責任を持ち，相手のことを考え，自他の権利を尊重して，ルールやマナーを守って情報を集めたり発信したりできるように指導する。	4	3	2	1
D−2	児童生徒がインターネットなどを利用する際に，反社会的な行為や違法な行為，ネット犯罪などの危険を適切に回避したり，健康面に留意して適切に利用したりできるように指導する。	4	3	2	1
D−3	児童生徒が情報セキュリティの基本的な知識を身に付け，パスワードを適切に設定・管理するなど，コンピュータやインターネットを安全に利用できるように指導する。	4	3	2	1
D−4	児童生徒がコンピュータやインターネットの便利さに気付き，学習に活用したり，その仕組みを理解したりしようとする意欲が育まれるように指導する。	4	3	2	1

付録2「個人情報の保護」と「知的財産権の尊重」

1. 個人情報の保護

個人情報には，氏名，住所，性別，生年月日，年齢，職業，家族構成など，さまざまなものがある。学校でも生徒の多くの個人情報を取り扱う。例えば，高等学校では，「入学者選抜に伴う事務」「成績考査に関する事務」「通知簿作成事務」「進路指導に関する事務」「生徒指導要録作成事務」などの個人情報を取り扱う事務がある。教職員がこれらの事務を行うが，その際，内容の適正さ，正確さはもとより，個人情報が漏えいしないように，細心の注意を払わなければならない。個人情報が漏えいすると，プライバシー侵害だけにとどまらず，生徒の将来に取り返しのつかない影響を与えることにもなりかねない。その意味で教職員は，生徒の個人情報の重要性を十分認識するとともに，個人情報保護に関する法律（個人情報保護法）についても理解しておかなければならない。

本書の例題である「成績表」（2.1節）「クラス名簿」（2.3節）は架空のデータを用いているが，学校現場で同様の例題を生徒の課題とする場合も，実在の生徒の住所や電話番号や身長や体重等を用いるのは適切ではない。

また，児童・生徒の作品を提示する場合でも，Web上で児童，生徒の作品を公開する場合はどうであろうか。まず作品の公開そのものについて，児童，生徒本人の承諾はもちろん，保護者の承諾もとっておく事が必要である。保護者の承諾については，年度当初に一括してとっていても，そのつど，連絡してとるのが望ましい。また前提として，学校は保護者に対して，日頃からインターネットの利用やその問題点について十分な説明を行い，理解を求めておくことが必要である。

さらに，承諾があったとしても，本人が特定できるような形での個人情報の公開はしてはならない。それゆえ顔写真については，本人が特定できない集合写真程度までが限度であると考えられる。

学校における生徒の個人情報の取り扱いについては，設置者（都道府県，市町村など）あるいは学校独自で基準が定められているので，各学校はそれにもよらなければならない。

2. 知的財産権の尊重

小説の創作，新商品の考案など知的な創作活動から作られたものを他人が無断で使用すると作った人の利益を損なうことになるので，作った人の権利が知的財産権として保護されている。知的財産権で重要なものは，著作権に関連する権利と特許権や意匠権といった産業財産権に関連する権利であるが，性質上学校教育で問題になりがちなのは著作権関連のほうである。

例えば生徒がレポートを作成する際に，Webページにある文章をそのままコピーして自分が作成したものとして提出するようなことが考えられるが，後述する引用の条件が守られていない場合は著作権侵害となる。

教職員側の意識が低い場合もある。例えば，生徒の修学旅行の感想文を教員が無断で修正，修飾して学年通信に掲載するのは生徒の著作者人格権の侵害となる場合がある（また氏名入りの無断掲載をした場合はプライバシー侵害に当たる可能性もある。1. 個人情報の保護を参照)。本書で扱っている「学年だより」（1.2節）などに類するものを作成する場合には注意を要する。

また，文化祭等で，既成のアニメキャラクタやロゴをパンフに利用したり，プリクラに利用したりしている場合がある。しかし，キャラクタやロゴも知的財産権の保護を受けており，その無断使用は権利侵害となる。また，Webページで公開できるのは，原則的には自分の著作物だけであり，他人の著作物である画像や音楽などはもとより，キャラクタ，ロゴなども無断掲載してはならず，権利者の了解が必要である。本書3章や4章で扱っている「授業教材」や「ビデオ教材」の作成の場合もそうした点に配慮する必要がある。

ただし，以下のような例外的な場合には著作権侵害にならない。まず，保護期間（著作者の死後50年，ただし，映画などは70年）を経過した著作物の利用がある。

つぎに，「私的使用のための複製」「図書館等における複製」「引用」「教科用図書等への掲載」「学校その他の教育機関における複製」などは一定の条件のもとで使用可能である。

このうち，「引用」については，つぎのような条件のもとで，レポート（1.3節），教材（3章，4章），Web等に掲載する事ができる。

・報道，批評，研究など引用の目的上正当な範囲内で行われるものである。
・自分の著作物が「主」，他人の著作物が「従」であるという内容的な主従関係がある。
・引用部分を「　」などで明確に区別する。
・著作者名，題名など表記し，出所を明示する。

例えば，他人のWebページ上の文章や画像などをレポートに引用する場合を実際的に考えると，最低限，元のWebページの作者，そのURL，引用した日付などを自分の作品上に記載する必要がある。

なお，具体的な事例については，文化庁より出されている「学校における教育活動と著作権」のパンフレットを参考にするとよい[14)]。

「学校その他の教育機関における複製」については，「著作権法」につぎのように定められている。

第35条　　　　　　　　　　　　　　　　　　　　　　　　平成30（2018）年改正

学校その他の教育機関（営利を目的として設置されているものを除く。）において教育を担任する者及び授業を受ける者は，その授業の過程における利用に供することを目的とする場合には，その必要と認められる限度において，公表された著作物を複製し，若しくは公衆送信（自動公衆送信の場合にあつては，送信可能化を含む。以下この条において同じ。）を行い，又は公表された著作物であつて公衆送信されるものを受信装置を用いて公に伝達することができる。ただし，当該著作物の種類及び用途並びにその複製の部数及び態様に照らし著作権者の利益を不当に害することとなる場合は，この限りでない。

付録3　授業目的公衆送信補償金制度

改正著作権法第35条の運用指針について，著作物の教育利用に関する関係者フォーラムで審議され，授業目的公衆送信補償金制度が制定された[15)]。授業目的公衆送信補償金制度における遠隔授業の種類と著作権上の扱いについては，**付表1**に示すとおりであり，授業目的公衆送信補償金規定（案）[16)]が検討されている。

学校その他の教育機関（営利を目的とするところ除く）が対象であり，専修学校・各種学校，社会教育施設なども広く対象となっている。一方，予備校や塾など営利目的とされている施設については制度の対象外である。なお，新型コロナウィルス感染症の問題があり，2020年度に限り補償金は無償となっているが，2021年度以降については，文化庁長官に認可申請が出された補償金の額が認可されれば有償となる。

付表1　授業の過程における利用行為と著作権上の扱いについて（文化庁作成資料，一部簡略）[15]

	教室での対面授業			遠隔合同授業等		スタジオ型の遠隔授業		オンデマンド型遠隔授業
						（同時双方向）	（同時一方向）	
教員等				各教室にそれぞれ教員（教科担任）がいる	配信側：教員 受信側：教員不在	配信側：教員 受信側：教員不在の場合あり		
配信側の教室等における生徒の有無				生徒等がいる（対面型）		生徒等がいない（スタジオ型）		
各教育機関で実施の可否	各教育機関で可能			各教育機関で可能	高校で可能 大学等で可能	高校で可能（平成27年度より）大学等で可能	大学等で可能	大学等で可能
「双方向」／「一方向」	「双方向」・「一方向」					「双方向」	「一方向」	
個々の授業の生徒数	〈小中高〉（標準）40人以下 〈大学等〉注)			〈小中高〉［（標準）40人以下］×学級数 〈大学等〉注)	〈高校〉（標準）40人以下 〈大学等〉注)	〈高校〉（標準）40人以下 〈大学等〉注)	〈大学等〉注)	〈小中高〉（病気療養・不登校児童・生徒等向けの配信は考えられる）〈大学等〉注)
著作物の利用形態	複製	公の伝達	公衆送信	複製・公衆送信	公衆送信	公衆送信		公衆送信
教授と受講のタイミング	同時		同時（異時）	同時		同時（異時：予習・復習用のメール送信等）		異時
法改正前の取扱い	原則許諾不要・無償（35条1項）	原則許諾必要・ライセンス料	原則許諾必要・ライセンス料	原則許諾不要・無償（35条2項）		原則許諾必要・ライセンス料		
	↓	↓	↓	↓		↓		
改正後の著作権法上の取扱い	原則許諾不要・無償（35条1項）	原則許諾不要・無償（35条1項）	原則許諾不要・補償金（35条2項）	原則許諾不要・無償（35条3項）		原則許諾不要・補償金（35条2項）		

注）授業形態により異なる。権利者の利益を不当に害さない範囲に限る。

付録 4　QR コード自動生成のマクロプログラム

下記のプログラムを実行した結果を**付図 1** に示す。E 列の URL を読み込んで，F 列に QR コードを書き込んだものである。

```
Option Explicit
Sub put_barcode()
    Dim i As Integer
    Dim bcd As OLEObject
    For i = 3 To 8
     ActiveSheet.Cells(i, 6).Select
     Set bcd = ActiveSheet.OLEObjects.Add
        (classtype:="BARCODE.BarCodeCtrl.1", Link:=False, _
     DisplayasIcon:=False, Left:=ActiveCell.Left + 1,
        Top:=ActiveCell.Top + 1, Width:=10, Height:=10)
     bcd.Object.Style = 11
     bcd.Object.Value = CStr(Cells(i, 5).Value)
     bcd.Width = ActiveCell.Width - 2
     bcd.Height = ActiveCell.Height - 2
    Next i
End Sub
Sub delete_barcode()
    Dim ctl As OLEObject
    For Each ctl In ActiveSheet.OLEObjects
     If ctl.progID = "BARCODE.BarCodeCtrl.1" Then ctl.Delete
    Next ctl
End Sub
```

プログラムの概要

put_barcode()
　i を整数型の変数として宣言
　bcd を OLEObject 型の変数として宣言
　For と Next の間を，i を 3 から 8 に変更しながら繰り返す
　i 行 6 列のセル（QR コード設置セル）を選択
　選択されたセルの左および上から +1 ずらした位置に幅，高さともに 10 の BarCodeControl を追加し，bcd に代入
　bcd が指す BarCodeControl を 11（QR コード指定）に，QR コードの値を i 行 5 列目のセルの値を文字列にしたものに設定
　QR コードの大きさを設置するセルの幅，高さのそれぞれ −2 したものに設定
delete_barcode()
　ctl を OLEObject 型の変数として宣言
　現在のシートにある，すべての ActiveX Control を順に ctl に代入
　もし，ctl が BarCodeControl ならば，削除する

BarCodeControl：
バーコードを作成できるコントロール

2020年度から使用される教科書の中のプログラミング

教科	学年	出版社	単元・題材名等	関連Webサイト	QRコード
算数	5年下	東京書籍	プログラミングを体験しよう！・正多角形をかく手順を考えよう	https://ten.tokyo-shoseki.co.jp/text/shou/sansu/introduction/page13.html	
算数	5年	大日本図書	プログラミングにちょうせん！・正多角形をかこう	https://www.dainippon-tosho.co.jp/introduction2020/sansu/ex_programming.html	
算数	5年下	学校図書	プログラミングのミ・正多角形をかかせてみましょう	http://qr.gakuto.co.jp/01504	
算数	5年	教育出版	正多角形と円・プログラミングにちょう戦しよう	https://www.kyoiku-shuppan.co.jp/textbook/shou/sansu/programing.html	
算数	5年	新興出版社啓林館	わくわく算数ひろば・図形をかくプログラムをつくろう。	https://www.shinko-keirin.co.jp/keirinkan/sho/text_2020/sansu/programming.html#construction	
算数	5年下	日本文教出版	正多角形と円・プログラミングを体験しよう	https://www.nichibun-g.co.jp/textbooks/sansu/download/r2/r2_sansu_naiyo_torisetsu.pdf	

付図 1　実行結果（小学校プログラミングの教科書（5 年算数）の一部）[17]

引用・参考 URL

1） 文部科学省：教育の情報化の推進―教員の ICT 活用指導力の向上
https://www.mext.go.jp/a_menu/shotou/zyouhou/detail/1369631.htm
2） 文部科学省：教員の ICT 活用指導力チェックリスト（平成 30 年 6 月）
https://www.mext.go.jp/a_menu/shotou/zyouhou/detail/1416800.htm
3） 文部科学省：教育の情報化の推進
https://www.mext.go.jp/a_menu/shotou/zyouhou/
4） 文部科学省：教育の情報化に関する手引（令和元年 12 月）
https://www.mext.go.jp/a_menu/shotou/zyouhou/detail/mext_00117.html
5） かわいいフリー素材集　いらすとや
https://www.irasutoya.com/
6） 実教出版：授業支援教材「情報倫理 PowerPoint ドリル」
http://www.jikkyo.co.jp/download/detail/59/322061207
7） G Suite for Education
https://edu.google.com/intl/ja/products/gsuite-for-education/
G Suite は，2020 年 10 月以降，Google Workspace に更新されている。
https://gsuiteupdates.googleblog.com/2020/10/introducing-google-workspace.html
8） Google Classroom
https://edu.google.com/intl/ja/products/classroom/
9） Zoom
https://zoom.us/
10） Google Meet
https://apps.google.com/intl/ja/meet/
11） Microsoft Teams
https://www.microsoft.com/ja-jp/microsoft-365/microsoft-teams/group-chat-software/
12） 文部科学省：令和 2 年度における大学等の授業の開始等について（通知）
https://www.mext.go.jp/content/20200324-mxt_kouhou01-000004520_4.pdf
13） 一般社団法人授業目的公衆送信補償金等管理協会（SARTRAS）
https://sartras.or.jp/
14） 文化庁：学校における教育活動と著作権
https://www.bunka.go.jp/seisaku/chosakuken/seidokaisetsu/pdf/gakko_chosakuken.pdf
なお，著作権制度に関するさまざまな情報は，下記に掲載されている。
文化庁：著作権制度に関する情報
https://www.bunka.go.jp/seisaku/chosakuken/seidokaisetsu/index.html
15） 著作物の教育利用に関する関係者フォーラム：改正著作権法第 35 条運用指針（令和 2（2020）年度版）
https://sartras.or.jp/wp-content/uploads/unyoshishin2020.pdf
16） 一般社団法人授業目的公衆送信補償金等管理協会（SARTRAS）：授業目的公衆送信補償金規程（案）
https://sartras.or.jp/wp-content/uploads/kiteian.pdf
17） 高橋参吉：京都府小学校教員研修資料「小学校教科書の中のプログラミング」
http://www.u-manabi.org/microbit/

注） URL は，2020 年 11 月現在のものである。

索　引

—— 編著者・著者略歴 ——

高橋　参吉（たかはし　さんきち）

1973 年　大阪府立大学工学部電気工学科卒業
1975 年　大阪府立大学大学院工学研究科修士課程修了（電気工学専攻）
1975 年　大阪府立工業高等専門学校講師
1997 年　大阪府立工業高等専門学校教授
2004 年　大阪府立工業高等専門学校名誉教授
2004 年　千里金蘭大学教授
2012 年　千里金蘭大学名誉教授
2012 年　帝塚山学院大学教授
2018 年　特定非営利活動法人学習開発研究所理事
2019 年　帝塚山学院大学，同志社女子大学，佛教大学非常勤講師
現在に至る

下倉　雅行（しもくら　まさゆき）

1996 年　岐阜大学工学部電子情報工学科卒業
1998 年　奈良先端科学技術大学院大学情報科学研究科博士前期課程修了（情報処理学専攻）
1998 年　オムロン株式会社勤務
2003 年　大阪府立工業高等専門学校講師
2005 年　大阪大学大学院特任研究員
2007 年　大阪経済大学講師
2011 年　大阪電気通信大学特任講師
2018 年　帝塚山学院大学非常勤講師
現在に至る

田中　規久雄（たなか　きくお）

1980 年　神戸大学教育学部教育学科卒業
1980 年　法務省
1981 年　大阪府
1994 年　大阪大学大学院法学研究科博士前期課程修了（公法学専攻）
1997 年　大阪大学大学院法学研究科博士後期課程単位取得退学
1997 年　大阪大学講師
2004 年　大阪大学助教授
2007 年　大阪大学准教授
現在に至る

高橋　朋子（たかはし　ともこ）

2003 年　滋賀大学教育学部情報科学課程卒業
2004 年　園田学園女子大学助手
2005 年　滋賀大学大学院教育学研究科修士課程修了（情報教育専攻）
2007 年　武庫川女子大学助手
2012 年　武庫川女子大学退職
武庫川女子大学大学院臨床教育学研究科博士後期課程単位取得退学
2013 年　博士（臨床教育学）（武庫川女子大学）
2014 年　大和大学講師
2018 年　近畿大学講師
現在に至る

小野　淳（おの　あつし）

1999 年　大阪大学基礎工学部システム科学科卒業
2001 年　大阪大学大学院基礎工学研究科修士課程修了（ソフトウェア工学専攻）
2001 年　千里金蘭大学講師
2012 年　千里金蘭大学准教授
現在に至る

教職・情報機器の操作
— ICT を活用した教材開発・授業設計 —
ICT Literacy for Prospective Teachers
— Development of Teaching Materials and Design of Lessons Using ICT —

2021 年 3 月 2 日　初版第 1 刷発行 ★

検印省略

編 著 者　高 橋 参 吉
著　　者　高 橋 朋 子
　　　　　下 倉 雅 行
　　　　　小 野 淳
　　　　　田 中 規 久 雄
発 行 者　株式会社　コ ロ ナ 社
　　　　　代 表 者　牛 来 真 也
印 刷 所　萩 原 印 刷 株 式 会 社
製 本 所　有限会社　愛千製本所

112-0011　東京都文京区千石 4-46-10
発 行 所　株式会社　コ ロ ナ 社
CORONA PUBLISHING CO., LTD.
Tokyo Japan
振替 00140-8-14844・電話(03)3941-3131(代)
ホームページ https://www.coronasha.co.jp

ISBN 978-4-339-02915-4　C3055　Printed in Japan　(松岡)